PLC 原理及应用

主　　编　曾晓峰　苑国伟
副主编　　王春如　袁贺年
参　　编　杨小龙　杨国璧

北京理工大学出版社
BEIJING INSTITUTE OF TECHNOLOGY PRESS

内容简介

本教材旨在满足高技能人才培养需求和现代工业自动化日益增长的专业技能要求，作者借鉴国内外先进教学理念，整合工业自动化领域专家学者的研究成果，编写了本教材。教材采用模块化设计，按照知识递进、技能实践原则划分成不同的教学模块和任务。这种结构设计帮助学生逐步深入理解 PLC 的每个方面，并能有效地应用于实际工作中。

本教材共有 4 个项目，其中包括了解可编程控制器、基本指令及其应用、自动化生产线控制系统设计、变频器、模拟量模块与触摸屏简介等。

教材的模块化设计和逐步实践的教学模式都是为了确保高等院校、高职院校技术类专业的学生能够全面理解 PLC 的工作原理，掌握使用 PLC 进行工业自动化控制的实践技能，以及能够解决实际工作中遇到的相关技术问题。

版权专有　侵权必究

图书在版编目（CIP）数据

PLC 原理及应用 / 曾晓峰，苑国伟主编. -- 北京：
北京理工大学出版社，2024.3
ISBN 978-7-5763-3691-7

Ⅰ.①P…　Ⅱ.①曾…②苑…　Ⅲ.①PLC 技术-高等职业教育-教材　Ⅳ.①TM571.6

中国国家版本馆 CIP 数据核字（2024）第 056687 号

责任编辑：封　雪　　　　**文案编辑**：封　雪
责任校对：刘亚男　　　　**责任印制**：李志强

出版发行 / 北京理工大学出版社有限责任公司
社　　址 / 北京市丰台区四合庄路 6 号
邮　　编 / 100070
电　　话 / （010）68914026（教材售后服务热线）
　　　　　　（010）68944437（课件资源服务热线）
网　　址 / http://www.bitpress.com.cn

版 印 次 / 2024 年 3 月第 1 版第 1 次印刷
印　　刷 / 唐山富达印务有限公司
开　　本 / 787 mm×1092 mm　1/16
印　　张 / 11.5
字　　数 / 193 千字
定　　价 / 69.00 元

图书出现印装质量问题，请拨打售后服务热线，负责调换

前　言

在现代工业自动化的浪潮中，PLC（可编程逻辑控制器）作为核心控制设备，被广泛应用于工业过程控制、生产线自动化和智能制造等领域。PLC 不仅具备高度的可靠性和灵活的编程能力，还能够实现复杂的控制逻辑，支持多种通信方式，成为现代工业和智能制造中的关键设备。

本教材旨在系统介绍 PLC 的基础知识、工作原理、编程技术和实际应用，帮助读者全面了解和掌握 PLC 在工业自动化中的重要作用。教材内容涵盖了从基础到高级的 PLC 技术，包括 PLC 的基本概念、编程语言、指令系统、常用功能模块、通信与联网、变频器、触摸屏等。同时，通过实际案例和项目应用，引导读者将理论知识与实际操作相结合，培养解决实际问题的能力。

本教材力求在内容上深入浅出，在结构上逻辑清晰，适合高职高专、本科院校相关专业的学生学习使用。希望通过本教材的学习，学生能够夯实 PLC 技术基础，提升综合素质和实践能力，成为符合现代工业需求的高素质技能型人才。同时，本教材也为教师提供了丰富的教学资源和指导方法，助力高效课堂教学。本教材还可以作为工程技术人员的参考资料。希望本教材能够帮助读者掌握 PLC 技术的核心知识，提升其在工业自动化领域的实战能力，为今后在自动控制和智能制造领域的工作奠定坚实的基础。

本教材由兵团兴新职业技术学院的曾晓峰、苑国伟担任主编，王春如、袁贺年、杨国璧、杨小龙共同参与编写，具体分工如下：曾晓峰编写了项目 1；苑国伟编写了项目 4；王春如、袁贺年共同编写了项目 2；杨国璧、杨小龙共同编写了项目 3。本教材的编写参考了大量国内外先进的 PLC 资料，并结合了多年的教学与实践经验，力求将最新的技术和应用实例融入教材。然而，由于编者水平有限，书中难免存在疏漏与不足，欢迎读者批评指正，以便在今后的修订中加以改进。

目 录

项目 1　认识可编程控制器 ………………………………………………… 1
　任务 1.1　了解可编程控制器 ………………………………………………… 2
　任务 1.2　FX3U 系列 PLC 编程软件的使用 ………………………………… 19

项目 2　基本指令及其应用 ………………………………………………… 28
　任务 2.1　电动机单向启停控制 ……………………………………………… 29
　任务 2.2　楼梯照明控制 ……………………………………………………… 35
　任务 2.3　电动机 Y-△降压启动控制 ………………………………………… 39
　任务 2.4　单按钮长动控制电路 ……………………………………………… 45
　任务 2.5　多台电动机自动控制 ……………………………………………… 52

项目 3　自动化生产线控制系统设计 ……………………………………… 63
　任务 3.1　机械手控制系统设计 ……………………………………………… 64
　任务 3.2　运料小车控制系统设计 …………………………………………… 77
　任务 3.3　材料分拣控制系统设计 …………………………………………… 91
　任务 3.4　自动化生产线多站通信控制系统设计 …………………………… 113

项目 4　变频器、模拟量模块与触摸屏简介 ……………………………… 130
　任务 4.1　三菱 FR-E740 变频器简介 ………………………………………… 131
　任务 4.2　模拟量输入/输出模块 ……………………………………………… 145
　任务 4.3　触摸屏与组态软件使用 …………………………………………… 159

参考文献 …………………………………………………………………… 177

项目 1　认识可编程控制器

学习情境

该项目是 PLC 控制的基础。通过该项目的学习，可了解可编程控制器的基本概念、软硬件结构及常用编程软件等知识。

一、教学目的

1. 掌握可编程控制器的基本概念；
2. 熟悉 FX3U 系列 PLC；
3. 熟悉 GX Works2 软件；
4. 培养学生的自我认知能力；
5. 培养学生的安全意识。

二、教学内容

1. 可编程控制器的特点、组成及各组成部分的作用；
2. 可编程控制器的工作方式和工作原理分析；
3. FX3U 系列可编程控制器的编程元件介绍；
4. GX Works2 软件介绍；
5. PLC 梯形图或语句表的编辑方法、程序传送的方法和调试方法介绍。

三、教学重点

1. 可编程控制器的工作方式和工作原理；
2. FX 系列可编程控制器的编程元件介绍；
3. GX Works2 软件的使用。

四、教学难点

1. 可编程控制器的工作方式和工作原理；
2. PLC 梯形图或语句表的编辑方法、程序传送的方法和调试方法。

任务 1.1　了解可编程控制器

【工作任务】

本任务通过分析三菱公司 FX3U 系列 PLC 的一个实际应用案例，使学生对 PLC 控制有一个总体的认识。

熟悉三菱 FX 系列 PLC，了解 FX3U 系列 PLC 的特点、各编程元件的作用。通过学习能够了解一些常用模块的功能，并根据控制要求进行模块选型。

【相关知识】

1.1.1　PLC 的应用案例

1. 电动机单向启停的继电-接触控制系统

利用继电-接触控制实现三相异步电动机单向启停控制的电气原理图如图 1-1-1 所示。若用 PLC 完成该控制，则需要将继电-接触控制的控制电路转换成 PLC 的梯形图，并连接外部输入、输出设备。

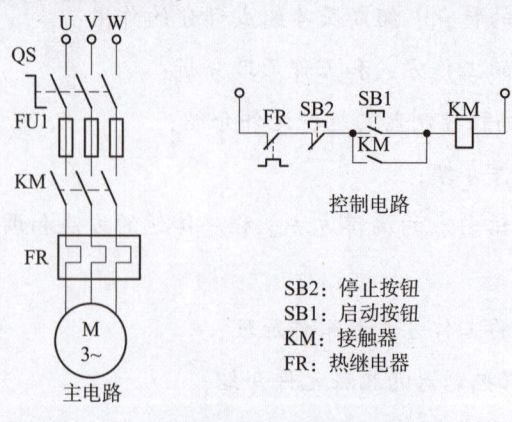

图 1-1-1　继电-接触控制电气原理图

2. PLC 梯形图

由继电-接触控制的控制电路转换成的 PLC 控制梯形图如图 1-1-2 所示。

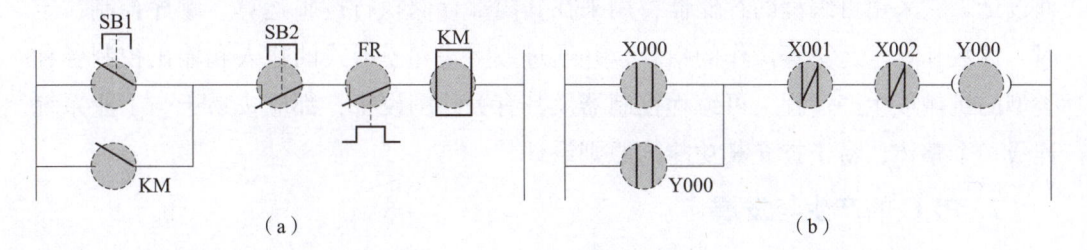

图 1-1-2　由继电-接触控制电路转换成的 PLC 控制梯形图
（a）继电-接触控制电路；（b）PLC 控制电路梯形图

继电-接触控制电路的元器件与 PLC 控制梯形图编程元件之间的对应关系是：SB1—X000，SB2—X001，FR—X002，KM—Y000。

3. PLC 硬件接线原理图

PLC 控制的外部输入、输出设备硬件接线图如图 1-1-3 所示。

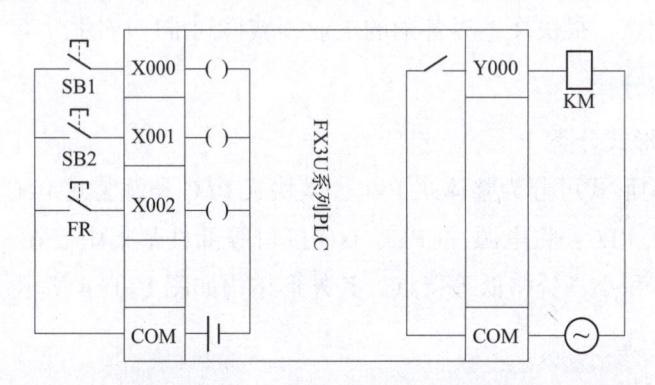

图 1-1-3　PLC 硬件接线原理图

通过上述案例可以看出，PLC 在继电-接触控制系统中用来替代其辅助电路（包括控制电路以及检测、显示、报警等辅助电路）的主要功能。由此，实际器件和导线构成的继电-接触控制电路将由 PLC 的软件来实现。这种用实际的器件和导线构成的逻辑电路称为"硬逻辑"，用软件代替硬件构成的逻辑电路称为"软逻辑"。

1.1.2　可编程控制器的基本概念

1. 可编程控制器概述

国际电工技术委员会（International Electrotechnical Commission，

IEC）于 1987 年颁布了可编程控制器标准草案第三稿。在草案中对可编程控制器定义如下："可编程控制器是一种数字运算操作的电子系统，专为在工业环境下应用而设计。它采用可编程的存储器，用来在其内部存储执行逻辑运算、顺序控制、定时、计数和算术运算等操作的指令，并通过数字式和模拟式的输入和输出控制各种类型的机械或生产过程。可编程控制器及其有关外围设备，都应按易于与工业系统连成一个整体，易于扩充其功能的原则设计。"

2. PLC 的产生与发展

1968 年，美国通用汽车公司（GM）为适应汽车型号不断更新、生产工艺不断变化的需要，实现小批量、多品种生产，希望能有一种新型工业控制器，它能做到尽可能减少重新设计和更换电气控制系统及接线，以降低成本、缩短周期。1969 年，美国数字设备公司根据 GM 公司的要求，研制出第一台可编程控制器，并在 GM 公司汽车自动装配线上试用，获得成功。

自第一台 PLC 出现以后，日本、德国、法国等也相继开始研制 PLC。这种新型的工业控制装置以其简单易懂、操作方便、可靠性高、通用灵活、体积小、使用寿命长等一系列优点，很快在世界各国的工业领域得到推广应用。

3. PLC 的分类

1）按结构形式分类

按 PLC 结构形式可分为整体式 PLC、模块式 PLC 和叠装式 PLC。

（1）整体式 PLC：将电源、CPU、I/O 接口等部件都集中装在一个机箱内，具有结构紧凑、体积小、价格低等特点。其外形结构如图 1-1-4 所示。

图 1-1-4　整体式 PLC

（2）模块式 PLC：将 PLC 各组成部分做成若干个单独的模块，如 CPU 模块、I/O 模块、电源模块（有的含在 CPU 模块中）以及各种功能模块。模块式 PLC 由框架（或基板）和各种模块组成。模块装在框架或基板的插座上。这种模块式 PLC 的特点是配置灵活，可根据需要选配不同模块组成一个系统，而且装配方便，便于扩展和维修。大、中型 PLC 一般采用模块式结构，其外形结构如图 1-1-5 所示。

图 1-1-5　模块式 PLC

（3）叠装式 PLC：其 CPU、电源、I/O 接口等也是各自独立的模块，但它们之间是靠电缆进行连接的，并且各模块可以层层叠装。这样，不但系统可以灵活配置，还可以做得体积小巧。其外形结构如图 1-1-6 所示。

图 1-1-6　叠装式 PLC

2）按 I/O 点和存储器容量分类

（1）小型 PLC：I/O 点数在 256 点以下，存储器容量为 2 KB。

（2）中型 PLC：I/O 点数在 256~2 048 点之间，存储器容量为 2~8 KB。

（3）大型 PLC：I/O 点数在 2 048 点以上，存储器容量为 8 KB 以上。

4. 可编程控制器的特点

（1）编程方法简单易学。

（2）功能强，性价比高。

（3）通用性强，硬件配套齐全，使用方便。

（4）可靠性高，抗干扰能力强。

（5）系统的设计、安装、调试、维修方便，工作量少。

（6）体积小，能耗低，重量轻。

1.1.3　可编程控制器的组成及各部分的作用

1. PLC 的组成

PLC 的内部结构如图 1-1-7 所示。

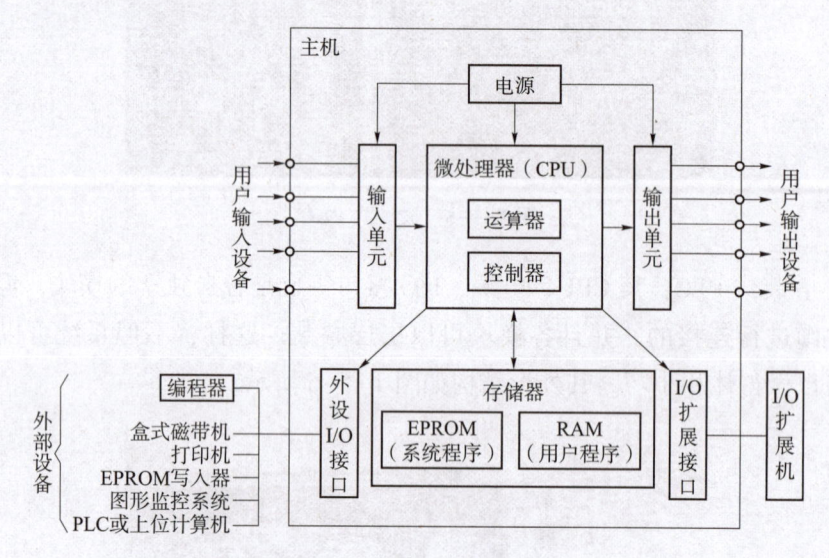

图 1-1-7　PLC 的内部结构

PLC 的基本组成包括硬件与软件两部分。

PLC 的硬件部分包括中央处理器（CPU 模块）、存储器、输入模块、输出模块、电源模块和编程器。

PLC 的软件部分包括系统程序和用户程序。

2. CPU 的作用

CPU 的作用是按系统程序赋予的功能，指挥 PLC 有条不紊地进行工作。归纳起来主要有以下 5 个方面：

（1）接收并存储编程器或其他外设输入的用户程序或数据。

（2）诊断电源、PLC 内部电路故障和编程中的语法错误等。

（3）接收并存储从输入单元（接口）得到的现场输入状态或数据。

（4）逐条读取并执行存储器中的用户程序，并将运算结果存入存储器中。

（5）根据运算结果，更新有关标志位和输出内容，通过输出接口实现控制、制表打印或数据通信等功能。

3. 存储器类型及其作用

1）存储器的类型

（1）可读/写操作的随机存储器 RAM。

（2）只读存储器 ROM、EPROM 和 EEPROM。

2）存储器的作用

（1）系统程序存储器：主要用于存放系统程序，用户不能直接存取、修改。

（2）用户程序存储器：主要用于存放用户程序和工作数据，使用者可以根据实际需要对用户程序进行修改。

4. PLC 中的输入/输出接口电路及作用

输入/输出接口电路通常也称为 I/O 单元或 I/O 模块，是 PLC 与工业生产现场之间的连接通道。

1）PLC 输入接口

PLC 输入接口是 PLC 与外部开关、传感器转换信号等外部信号连接的端口，用来收集被控设备的信息或操作指令。

PLC 输入接口根据接口电路电源性质分为直流输入电路、交流输入电路和交流/直流输入电路，如图 1-1-8 所示。输入接口中均有滤波电路及耦合隔离电路，滤波电路有抗干扰的作用，耦合电路有抗干扰及产生标准信号的作用。

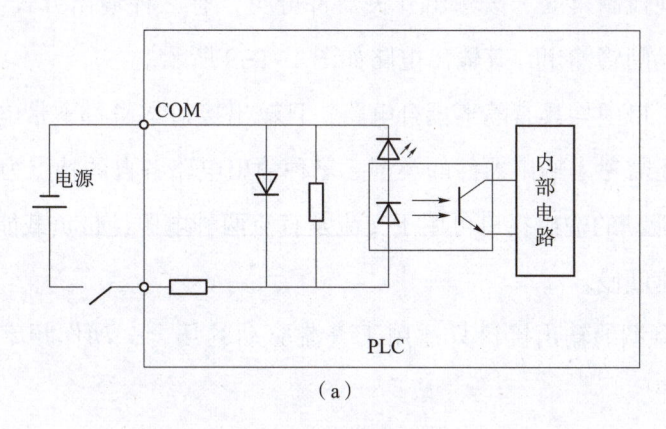

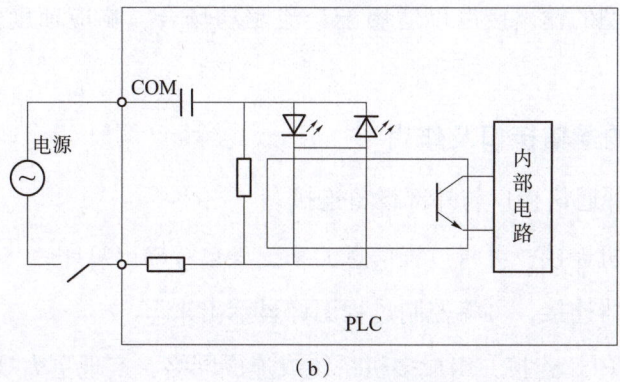

图 1-1-8 输入电路

（a）直流输入；（b）交流输入

(c)

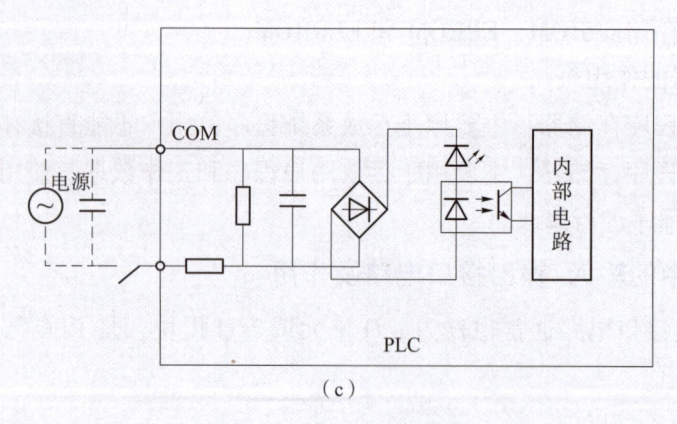

图 1-1-8　输入电路（续）

(c) 交流/直流输入

2) PLC 输出接口

PLC 输出接口是 PLC 与外部执行元件连接的端口，用来将处理结果送给被控制对象，以实现控制目的。按输出开关器件分类，有三种输出方式：继电器输出、晶体管输出和晶闸管输出，其输出电路如图 1-1-9 所示。

各类输出接口中均具有隔离耦合电路，且输出接口本身都不带电源，在考虑外驱动电源时，还需考虑输出器件的类型。三种输出电路各自的特点为：

(1) 继电器型的输出接口可用于交流及直流两种电源，带负载能力强，但动作频率低，响应速度慢。

(2) 晶体管型的输出接口只适用于直流驱动的场合，动作频率高（0.2 ms），但带负载能力差。

(3) 晶闸管型的输出接口仅适用于交流驱动场合，响应速度快，但带负载能力差。

5. PLC 中的通信接口及作用

PLC 配有各种通信接口与外部设备连接。

(1) 与打印机连接，可将过程信息、系统参数等输出打印。

(2) 与监视器连接，可将控制过程图像显示出来。

(3) 与其他 PLC 连接，组成多机系统或连成网络，实现更大规模控制。

(4) 与计算机连接，组成多级分布式控制系统，控制与管理相结合。

(5) 与人机界面（触摸屏）连接。

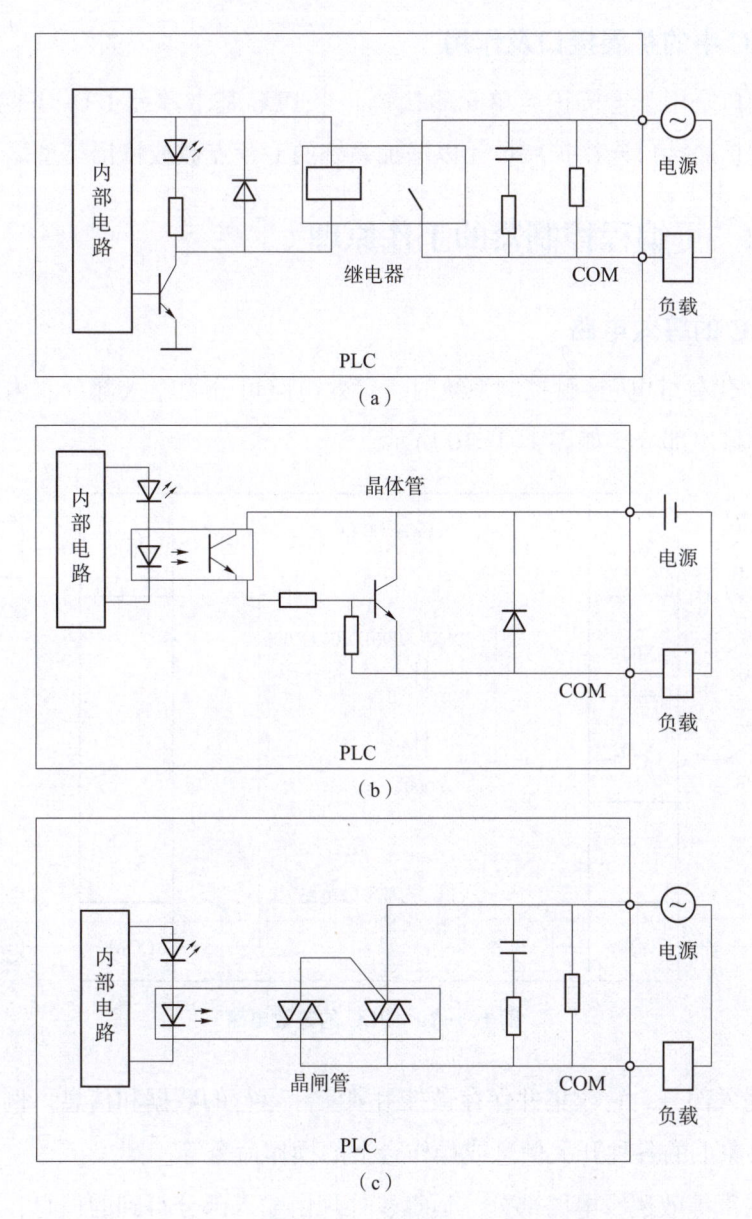

图 1-1-9　输出电路

（a）继电器型；（b）晶体管型；（c）晶闸管型

（6）与智能接口模块连接。智能接口模块是相对独立的计算机系统，它有自己的 CPU、系统程序、存储器以及与 PLC 系统总线相连的接口。PLC 的智能接口模块种类很多，如高速计数模块、闭环控制模块、运动控制模块、中断控制模块等。

（7）与编程器连接。

6. PLC 中的扩展接口及作用

扩展接口是用于连接扩展单元的接口。当 PLC 基本单元 I/O 口不能满足要求时，可通过扩展接口连接扩展单元以增加系统的 I/O 点数或输出类型。

1.1.4　可编程控制器的工作原理

1. PLC 的等效电路

用 PLC 代替继电-接触控制系统时，等效电路可分为输入部分、内部等效逻辑电路部分和输出部分，如图 1-1-10 所示。

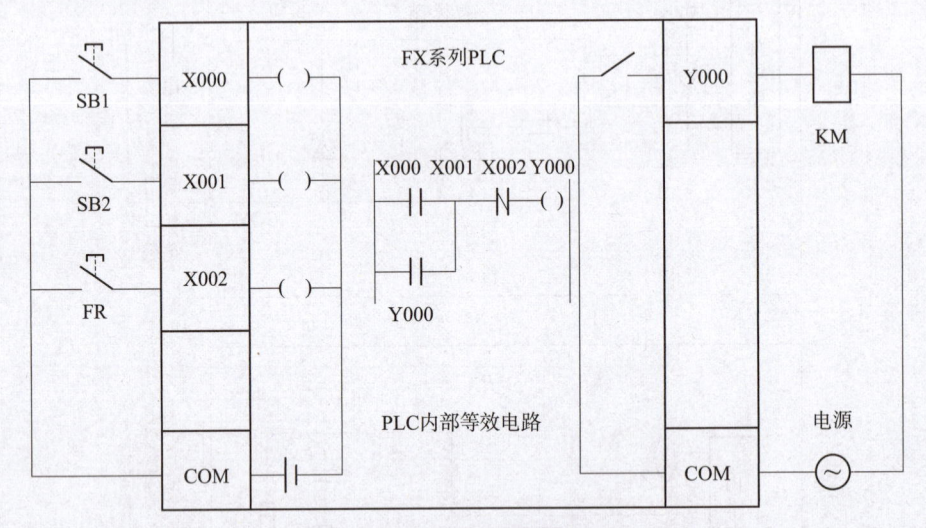

图 1-1-10　PLC 的等效电路

（1）输入部分。它收集并保存被控对象实际运行的数据和信息。例如，它收集来自被控对象上的各种开关信息或操作台上的操作命令等。

（2）内部等效逻辑电路部分。运算、处理由输入部分得到的信息，并判断哪些功能需要输出，该部分由用户根据控制要求编制的程序组成。

（3）输出部分。用以驱动需要操作的外部负载。

2. PLC 的工作方式和工作过程

1）PLC 的工作方式

PLC 采用循环扫描的工作方式，一次扫描的过程包括输入采样、执行程序、处理通信请求、执行 CPU 自诊断、输出刷新共 5 个阶段。PLC 经过这 5 个阶段的工作过程，所需时间称为一个工作周期（或扫描周期）。PLC 的扫描周期与用户程序的长短和该 PLC 的扫描速度紧密相关。

2) PLC 的工作过程

PLC 运行时，CPU 对存于用户存储器中的程序，按指令步顺序做周期性的循环扫描。PLC 的扫描过程如图 1-1-11 所示。

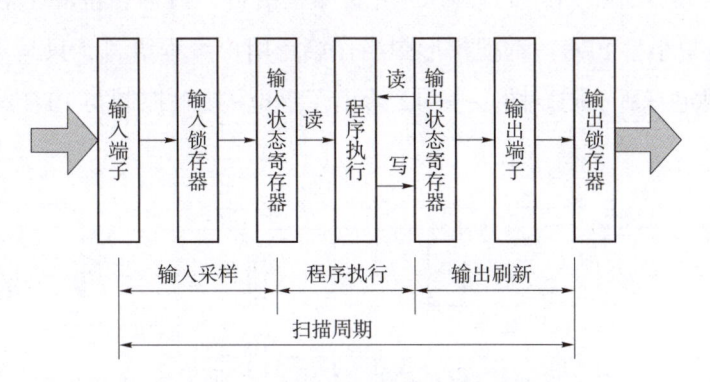

图 1-1-11　PLC 的扫描过程示意图

（1）输入采样阶段：PLC 以扫描方式顺序读入输入端子的通断状态（ON/OFF），并写入相应的输入状态寄存器中，即取得输入状态，接着转入程序执行阶段。

（2）程序执行阶段：PLC 按先左后右、自上而下的顺序对每条指令进行扫描，并将相应的运算和处理结果写入输出状态寄存器中。

（3）输出刷新阶段：在所有指令执行完毕后，输出状态寄存器的通断状态转写入输出锁存器中，驱动相应的输出设备，产生 PLC 的实际输出。

经过以上三个阶段，PLC 完成一个扫描周期，并且不断循环下去，即"顺序扫描、不断循环"。

1.1.5　PLC 的编程语言

1995 年 5 月，国际电工技术委员会公布了 PLC 的 5 种常用编程语言，即顺序功能图、梯形图、指令表、功能块图及高级语言。其中，最常用的是顺序功能图、梯形图和指令表。

1. 顺序功能图

顺序功能图是一种位于其他编程语言之上的图形语言，它主要用来编制顺序控制程序。其结构主要由步、有向连线、转换条件和动作组成，本书将在项目 2 详细介绍其设计方法及应用。

2. 梯形图

梯形图编程语言是由电气原理图演变而来的，它沿用了继电-接触控制原理图中的触点、线圈、串并联等术语和图形符号，具有形象、直观、实用的特点，为广大电气技术人员所熟知，是 PLC 的主要编程语言。目前，世界上各生产厂家的 PLC（特别是中小型 PLC）都把梯形图当作第一用户编程语言，只是不同系列 PLC 编程符号的规定有所不同。图 1-1-12 给出了继电-接触控制与 PLC 梯形图各器件的对应关系。

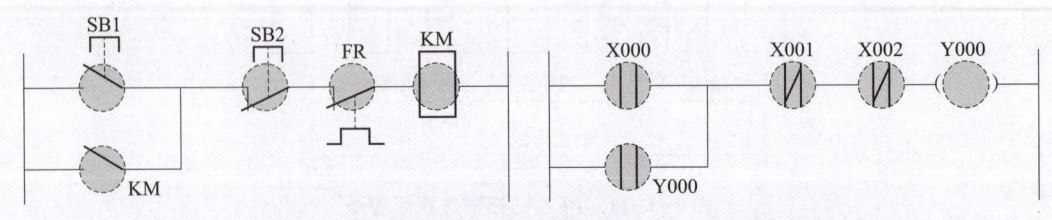

图 1-1-12　继电-接触控制电路转换成 PLC 控制梯形图

（1）母线。梯形图的两侧各有一条公共母线（Busbar），类似于继电-接触控制电路的电源线。有的 PLC 省略了右侧的垂直母线（如 OMRON 系列的 PLC）。母线之间是触点和线圈，用短线连接。

（2）触点。PLC 内部的 I/O 继电器、辅助继电器、特殊功能继电器、定时器、计数器、移位寄存器的常开/闭触点，都用表 1-1-1 所示的符号表示，通常用字母数字串或 I/O 地址标注。触点本质上是存储器中某一位，用来表示逻辑输入条件，其逻辑状态与通断状态间的关系见表 1-1-1，这种触点在 PLC 程序中可被无限次地引用。触点放置在梯形图的左侧。

表 1-1-1　触点、线圈的符号

俗称名称	符号	说明
常开触点	X000 ─┤├─	"1"为触点接通，"0"为触点断开
常闭触点	X000 ─┤/├─	"1"为触点断开，"0"为触点接通
继电器线圈	─(Y000)─	"1"为线圈得电激励，"0"为线圈失电不激励

（3）继电器线圈。对 PLC 内部存储器中的某一位写操作时，这一位便是继电器线圈，用来表示逻辑结果，用表 1-1-1 中的符号标注，通常用字母数字串、输出点地址、存储器地址标注。线圈一般有输出继电器线圈、辅助继电器线圈，它们不是物理继电器，而仅是存储器中的一位。一个继电器线圈在整个用户程序中只能使用一次（写），但它还可当作该继电器的触点在程序中的其他地方无限次引用（读），既可常开也可常闭。继电器线圈放置在梯形图的右侧。

（4）信号的流向。PLC 梯形图所传递和处理的信号并不像电力控制电路中实际存在的电流，而是梯形图程序中的"概念电流"，利用"电流"这个概念可帮助我们更好地理解和分析 PLC 的程序梯形图。假想在梯形图垂直母线的左、右两侧加上直流电源的正、负极，"概念电流"从左向右、从上向下流动。需要注意的是，PLC 梯形图是人为编制出的程序，其信号流是假想的，因此，该信号只能按要求的方向流动，不能反向。

3. 指令表

指令就是用助记符（也称语句表达式）来表达 PLC 的各种功能，它与计算机的汇编语言很相似，但又比一般的汇编语言简单得多。这种程序表达方式编程设备简单、逻辑紧凑、系统化、连接范围不受限制，但比较抽象。微型、小型 PLC 常采用这种方法，故指令表也是一种用得最多的编程语言。

1.1.6 三菱 FX 系列 PLC

1. 概述

FX 系列 PLC 是由三菱公司近年来推出的高性能小型可编程控制器，已逐步替代三菱公司原 F、F1、F2 系列 PLC 产品。其中，FX2 是 1991 年推出的产品，FXO 是在 FX2 之后推出的超小型 PLC，近几年来又连续推出了将众多功能凝集在超小型机壳内的 FXOS、FX1S、FXON、FX1N、FX3U、FX3UC 等系列 PLC，具有较高的性价比，获得广泛应用。

FX 家族成员介绍：

（1）FXOS/1S：PLC 的输入/输出点数为 10~30 点，用于要求不高、点数较少的场合。

（2）FXON/1N：PLC 的输入/输出点数为 24~60 点，可以扩展到 128 点。

（3）FX2N/2NC：PLC 的输入/输出点数为 16~128 点，可以扩展到 256 点。编程指令强、运行速度快，可适用于要求较高的场合。

（4）FX3U：是三菱公司适应用户需求开发的第三代微型 PLC，运行速度快，可扩展到 384 点，增加了软元件、通信功能、各种适配器等。

2. 型号说明

$$FX\square-\square\square\square\square$$
$$(1)\ (2)(3)(4)(5)$$

（1）系列序号：如 0、1、2、1S、1N、2N、3U 等。

（2）I/O 总点数：10～256。

（3）单元类型：M 为基本单元，E 为 I/O 混合扩展单元与扩展模块，EX 为输入专用扩展模块，EY 为输出专用扩展模块。

（4）输出形式：R 表示继电器输出，T 表示晶体管输出，S 表示双向晶闸管输出。

（5）特殊品种区别：D 表示 DC 电源，DC 输入；AI 表示 AC 电源，AC 输入；H 表示大电流输出扩展模块（1A/1 点）；V 表示立式端子排的扩展模块；C 表示接插口输入输出方式；F 表示输入滤波器 1 ms 的扩展模块；L 表示 TTL 输入型扩展模块；S 表示独立端子（无公共端）扩展模块。

1.1.7 三菱 FX3U 系列 PLC

1. FX3U 系列 PLC 的面板

FX3U 系列 PLC 的面板如图 1-1-13 所示。

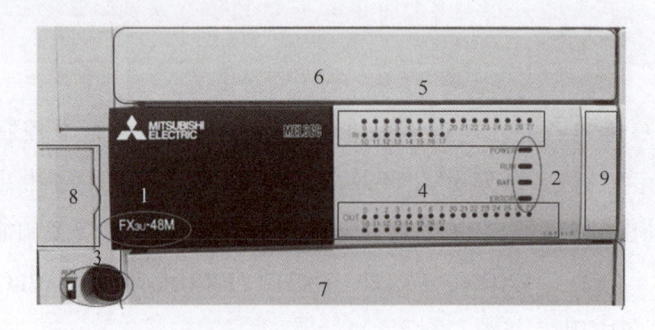

图 1-1-13 FX3U 系列 PLC 的面板
1—型号；2—状态指示灯；3—模式转换开关与通信接口；4—输出指示灯；5—输入指示灯；6—输入端子盖板；7—输出端子盖板；8—功能扩展板盖板；9—扩展设备连接器盖板

2. 特点

（1）FX3U 是 FX 系列中功能最强、运行速度最快的 PLC。

（2）基本指令执行时间高达 0.065 μs/指令，超过了许多大中型 PLC。

（3）FX3U 的用户存储器容量可扩展到 32 KB。

（4）FX3U 的 I/O 点数最大可扩展到 256 点。

（5）FX3U 有多种模拟量输入/输出模块、高速计数器模块、脉冲输出模块、位置控制模块、RS-232C/RS-422/RS-485 串行通信模块或功能扩展板、模拟定时器扩展板等。使用这些特殊功能模块和功能扩展板，可以实现模拟量控制、位置控制和联网通信等功能。

3. 型号说明

FX3U 系列 PLC 的型号如表 1-1-2 所示。

表 1-1-2　FX3U 系列 PLC 型号

类型	型号	输入点数	输出点数	电源电压
基本单元	FX3U-16M（R，T）	8	8	AC 100~240 V 或 DC 24 V
	FX3U-32M（R，T）	16	16	
	FX3U-48M（R，T）	24	24	
	FX3U-64M（R，T）	32	32	
	FX3U-128M（R，T）	64	64	
扩展单元	FX2N-32ER/ET（混合）	16	16	AC 100~240 V
	FX2N-48ER/ET（混合）	24	24	
扩展模块	FX2N-8EX（输入专用）			不需要
	FX2N-16EX（输入专用）	8	8	
	FX2N-8EY（输出专用）	16	16	
	FX2N-16EY（输出专用）			
特殊功能模块	FX3U-4AD	模拟量输入模块		
	FX3U-4DA	模拟量输出模块		
	FX3U-4LC	温度模块		
	FX3U-20SSC-H	定位模块		
	FX3U-232ADP	RS-232C 通信模块		
	FX3U-485ADP	RS-485 通信模块		

注：（1）基本单元输入继电器的编号是固定的，扩展单元和扩展模块是按与基本单元最靠近开始，顺序进行编号。

（2）FX3U 最大可构成的 I/O 点数为 256 点。

4. 编程元件

FX 系列 PLC 软继电器编号由字母和数字组成。其中，输入继电器和输出继电器用八进制数字编号，其他均采用十进制数字编号。

1）输入继电器（X）

输入继电器是 PLC 接收外部输入开关量信号的窗口，与对应的输入端子相连。在 PLC 内部，与输入端子相连的输入继电器是光电隔离的电子继电器，采用八进制编号，有常开和常闭两类触点，如 FX3U48-MR 的编号为 X000~X007、X010~X017、X020~X027。

输入继电器不能用程序驱动，只取决于外部输入信号的状态。在梯形图中，绝不能出现输入继电器的线圈，如图 1-1-14 所示。

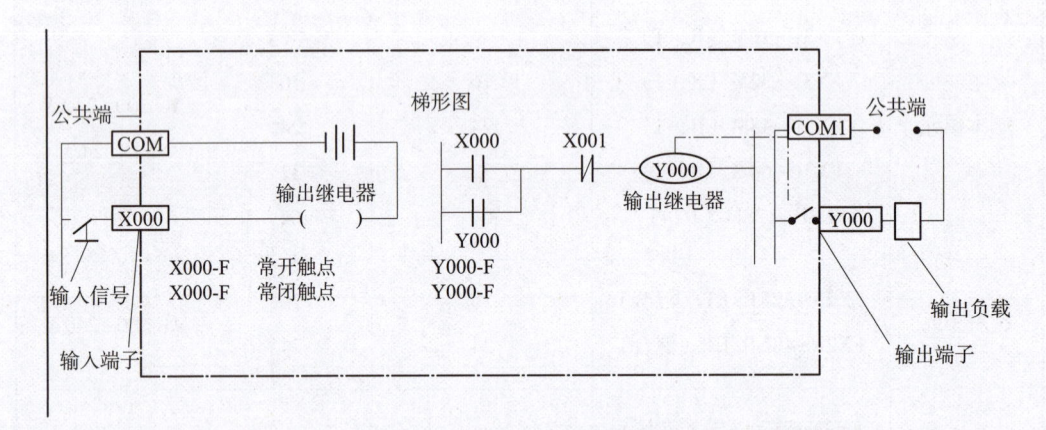

图 1-1-14 PLC 工作框图

2）输出继电器（Y）

在 PLC 内部，与输出端子相连的是输出继电器的常开硬触点，用于向外部发送信号，且一个输出继电器只有一个常开型外部输出触点。采用八进制编号，有常开和常闭两类软触点用于编程。如 FX3U48-MR 的编号为 Y000~Y007、Y010~Y017、Y020~Y027。内部线圈由用户程序驱动时，各软触点和硬触点同时动作，因此在梯形图中既会出现输出继电器的触点，也会出现线圈。

3）辅助继电器（M）

辅助继电器用软件实现，不能接收外部输入信号，也不能直接驱动外部负载，是一种内部状态标志，相当于中间继电器。采用十进制编号，有线圈和触头。

（1）通用辅助继电器：M0~M499（共 500 个），关闭电源重新启动后，通用继电器不能保护断电前的状态。

（2）掉电保持辅助继电器：M500~M1023（共524个，可以通过参数更改保持/不保持的设定），M1024~M7679（共6 656个，不可以通过参数更改保持/不保持的设定），PLC断电后再运行时，能保持断电前的工作状态，采用锂电池作为PLC掉电保持的后备电源。

（3）特殊辅助继电器：M8000~M8511（共512点），特殊用途。

以下是只能利用其触点的特殊辅助继电器，其线圈由PLC的系统程序驱动，用户只能用其触头。

M8000（运行监控）：PLC运行时M8000为ON，停止执行时为OFF。

M8002（初始化脉冲）：仅在运行开始瞬间接通（M8000由OFF变为ON时）的一个扫描周期内为ON，其常开触点常用于元件初始化或设置初值。

M8011~M8014：分别产生10 ms、100 ms、1 s、1 min时钟脉冲。以下是只能利用其线圈的特殊辅助继电器：

M8033的线圈通电后，PLC进入STOP状态后，所有输出继电器的状态保持不变。

M8034的线圈通电后，禁止所有输出。

M8039的线圈通电后，PLC以D8039中指定的扫描时间工作。

4）状态继电器（S）

状态继电器是对工序步进型控制进行简易编程的内部软元件，采用十进制编号，与步进指令STL配合使用。

状态继电器不用于步进指令时，可作普通辅助继电器使用，有无数个常开触点与常闭触点，编程时可随意使用。

状态继电器有如下三种：

（1）通用状态继电器：S0~S499。

（2）掉电保持型状态继电器：S500~S899。

（3）供信号报警用状态继电器：S900~S999。

5）定时器（T）

（1）通用定时器：

T0~T199：时钟脉冲为100 ms的定时器，即当设定值$K=1$时，延时100 ms。设定范围为0.1~3 276.7 s。

T200~T245：时钟脉冲为10 ms的定时器，即当设定值$K=1$时，延时10 ms。设定范围为0.01~327.67 s。

T246~T511：时钟脉冲为1 ms的定时器，即当设定值$K=1$时，延时1 ms。设定范围为0.001~32.767 s。

(2) 积算定时器：

T246~T249：时钟脉冲为1 ms的积算定时器。设定范围为0.001~32.767 s。

T250~T255：时钟脉冲为100 ms的积算定时器。设定范围为0.1~3 267.7 s。

积算定时器的意义：当控制积算定时器的回路接通时，定时器开始计算延时时间，当设定时间到时定时器动作，如果在定时器未动作之前控制回路断开或掉电，积算定时器能保持已经计算的时间，待控制回路重新接通时，积算定时器从已积算的值开始计算。积算定时器可以用RST命令复位。

6) 计数器（C）

(1) 16 bit 加计数器：

C0~C99（100点）：通用型；

C100~C199（100点）：掉电保持型。

设定值范围：K1~K32767。

(2) 32 bit 可逆计数器：

C200~C219（20点）：通用型；

C220~C234（15点）：掉电保持型。

设定值范围：-2 147 483 648~+2 147 483 647。

可逆计数器的计数方向（加计数或减计数）由特殊辅助继电器M8200~M8234设定，即特殊辅助继电器接通时作减计数，当特殊辅助继电器断开时作加计数。

(3) 高速计数器：C235~C255（21点），共享PLC上6个高速计数器输入（X000~X005）。高速计数器按中断原则运行。

7) 数据寄存器（D）

D0~D199（200个）：通用型数据寄存器，即掉电时全部数据均清零。

D200~D7999（7 800个）：掉电保护型数据寄存器。

8) 变址寄存器

变址寄存器通常用于修改元件的编号。V0~V7、Z0~Z7共16点16位变址数据寄存器。

9) 常数

常数的表示：

十进制常数用K表示，如常数123表示为K123。

十六进制常数则用 H 表示，如十六进制常数 531 表示为 H531。

FX 系列 PLC 的常数范围为：

16 位，K：-32 768～32 767，H：0000～FFFFH；

32 位，K：-2 147 483 648～2 147 483 647，H：00000000～FFFFFFFFH。

【自主练习】

试比较 PLC 控制与其他电气控制技术的区别。

任务 1.2　FX3U 系列 PLC 编程软件的使用

【工作任务】

(1) 熟悉 GX Works2 软件的安装方法。

(2) 掌握 GX Works2 软件的使用方法。

(3) 掌握 PLC 程序传送的方法和调试方法。

(4) 掌握 PLC 基本指令梯形图或语句表程序的编辑方法。

1.2.1　软件概述

软件概述

GX Works2 是三菱公司于 2011 年之后推出的通用性较强的编程软件，该软件有简单工程和结构工程两种编程方式。支持梯形图、指令语句表、SFC、ST、结构化梯形图等编程语言，集成了程序仿真软件 GX Simulator2。具备程序编辑、参数设定、网络设定、监控、仿真调试、在线更改、智能功能模块设置等功能，适用于三菱 FX 系列、Q 系列、QS 系列、QnA 系列、A 系列（包括运动控制 CPU）PLC，可实现 PLC 与 HMI、运动控制器的数据共享。

1. GX Works2 软件的安装

(1) 进行安装前，应结束所有基于 Microsoft Windows Operating System 运行的应用程序。如果在其他应用程序运行的状态下进行安装，有可能导致产品无法正常运行。

(2) 在安装文件夹中，进入 Disc1 文件夹，双击 SETUP.EXE 执行安装。安装过程中选择安装路径并输入序列号，按照向导提示完成安装，重新启动计算机即可使用。

2. 编程操作的准备工作

（1）检查 PLC 与计算机的连接是否正确，计算机的 RS-232 串行口与 PLC 之间是否用指定的线缆及转换器连接。

（2）PLC 面板上的开关应处于 STOP 状态。

（3）接通计算机和 PLC 的电源。

3. 操作界面

GX Works2 编程软件的操作界面如图 1-2-1 所示，该操作界面大致由菜单栏、工具条、编程区、工程数据列表、状态条等部分组成。需要特别注意的是，在 GX Works2 编程软件中称编辑的程序为工程。

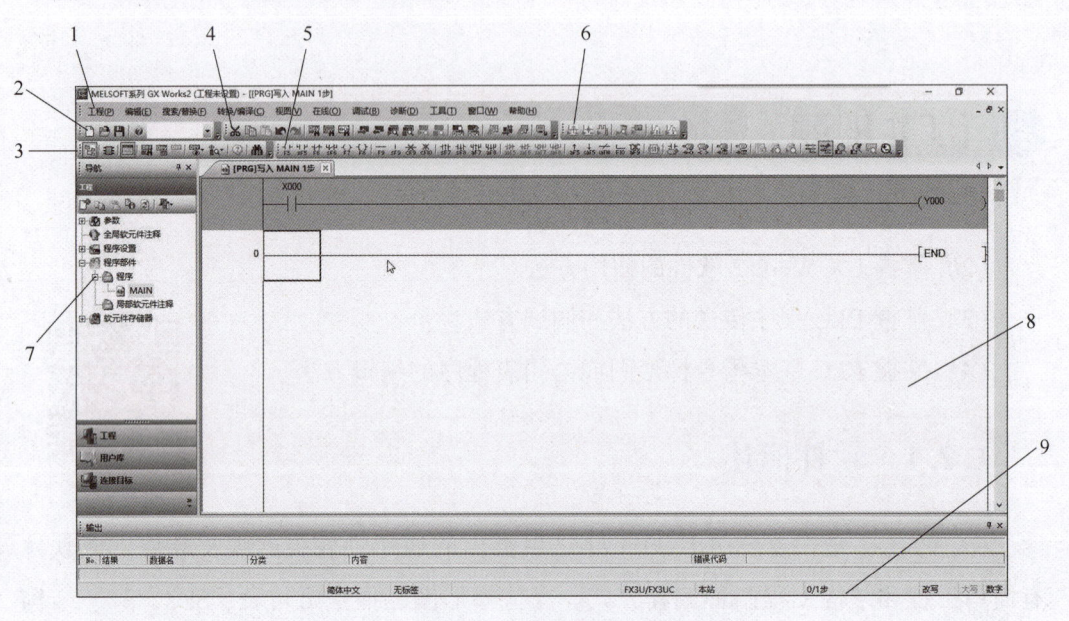

图 1-2-1　GX Works2 编程软件的操作界面

图 1-2-1 中引出线所示的名称、内容说明如表 1-2-1 所示。

表 1-2-1　GX Works2 编程软件操作界面各部分的名称、内容

序号	名称	功能
1	菜单栏	包含工程、编辑、搜索/替换、转换/编译、视图、在线、调试、诊断、工具、窗口、帮助，共 11 个菜单
2	标准工具栏	用于工程的创建、打开和关闭等操作

续表

序号	名称	功能
3	窗口操作工具栏	用于导航、部件选择、输出、软件元件使用列表、监视等窗口的打开和关闭等操作
4	程序通用工具栏	用于梯形图的剪切、复制、粘贴、撤销、搜索及 PLC 程序的读写、运行监视等操作
5	梯形图工具栏	用于梯形图编辑的常开/常闭触点、线圈、功能指令、画线、删除线、边沿触发触点等按钮操作，以及软元件的注释编辑、声明编辑、注解编辑和梯形图的放大/缩小等操作
6	智能模块工具栏	用于特殊功能模块的操作
7	导航窗口	显示程序、编程元件注释、参数、编程元件内存等内容，可实现这些项目的数据的设定
8	程序编辑窗口	完成程序的编辑、修改、监控等的区域
9	状态栏	提示当前的操作：显示 PLC 类型以及当前操作状态等

4. PLC 参数设定

通常选定 PLC 后，在开始程序编辑前都需要根据所选择的 PLC 进行必要的参数设定，否则会影响程序的正常编辑。PLC 的参数设定包含 PLC 名称设定、PLC 系统设定、PLC 文件设定等 12 项内容，不同型号的 PLC 需要设定的内容是有区别的。

1.2.2 程序的编辑与调试

1. 程序操作

1）新建工程

双击 GX Works2 图标非启动软件，从菜单栏中选择"工程"→"新建"命令，弹出"创建新工程"对话框，选择 PLC 系列、类型并设置工程名和保存的路径，单击"确定"按钮创建一个新的工程。也可以单击工具条中的"新建工程"按钮来新建一个工程文件。

2）打开现有工程

启动 GX Works2 软件后，在菜单栏中选择"工程"→"打开"命令，弹出一个"打开工程"对话框，选择要打开的工程，单击"打开"按钮即可。

3）注释显示

在使用 GX Works2 编程软件时，可对 PLC 程序中所用到的软元件进行注释说明，其方法为双击导航栏中的"全局软元件注释"，然后找到要注释的软元件，注释完成后选择"视图"菜单中的"注释显示"命令，即可在程序中显示各个软元件的注释。

2. 编辑程序

1）输入程序

在 GX Works2 编程软件中，首先选择"梯形图显示"将界面切换到梯形图输入界面，在需要输入梯形图的位置，直接输入指令，按"确定"按钮后即可将与语句表对应的梯形图绘制到工程里面。或者在"梯形图标记工具条"中，单击要录入的梯形图符号，会弹出一个梯形图输入菜单，在该菜单的输入处直接输入指令即可将梯形图输入工程里面。

2）编辑程序元素

通过拖曳鼠标，用户可以选择多个相邻的网络，用于剪切、复制、粘贴或删除选项。其操作方法与普通文档相同。

3）使用搜索/替换功能

GX Works2 编程软件为用户提供了搜索/替换功能，使用搜索/替换功能，能够方便快捷地对程序中的元件、参数以及网络等进行查看、编辑和修改。

选择搜索功能时，通过以下两种方式，均能弹出如图 1-2-2 所示"搜索/替换"对话框。

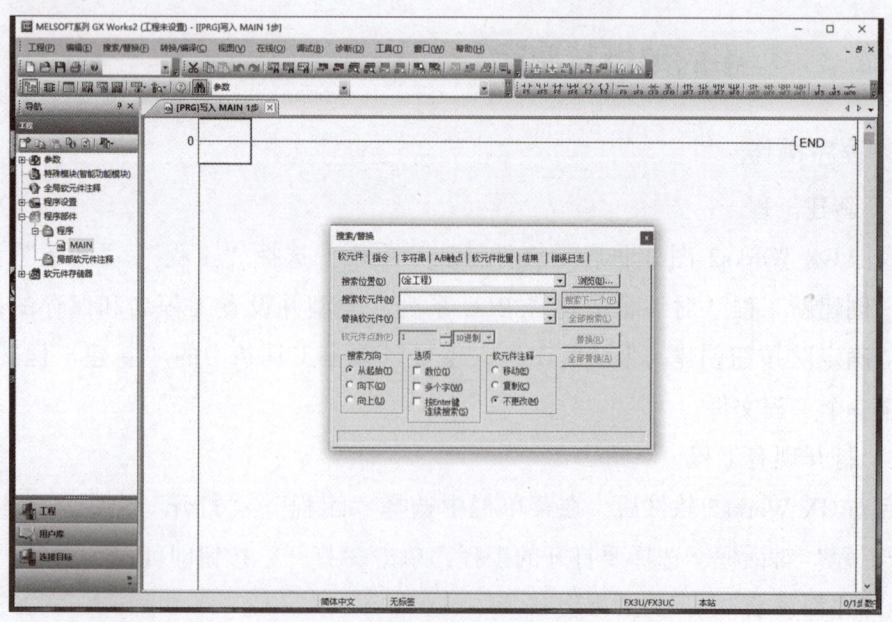

图 1-2-2　搜索/替换操作界面

① 在菜单栏中的"搜索/替换"菜单中选择"软元件搜索"命令。

② 在编辑区单击鼠标右键,在弹出的快捷菜单中选择"软元件搜索"指令。

此外,该软件还新增了替换功能,这为程序的编辑、修改提供了极大的便利。根据替换对象的不同,可在"搜索/替换"菜单选择"软元件替换""指令替换""字符串替换""软元件批量替换"等指令。下面介绍常用的几个替换命令。

(1) 软元件替换。

操作步骤:

① 在菜单中选择"搜索/替换"→"软元件替换"命令,弹出"软元件替换"对话框,如图1-2-3所示。

② 在"搜索软元件"文本框中输入将被替换的元件名。

③ 在"替换软元件"文本框中输入新的元件名。

④ 根据需要设置搜索方向、替换点数、数据类型等。

⑤ 执行替换操作,可完成全部替换、逐个替换、选择替换。

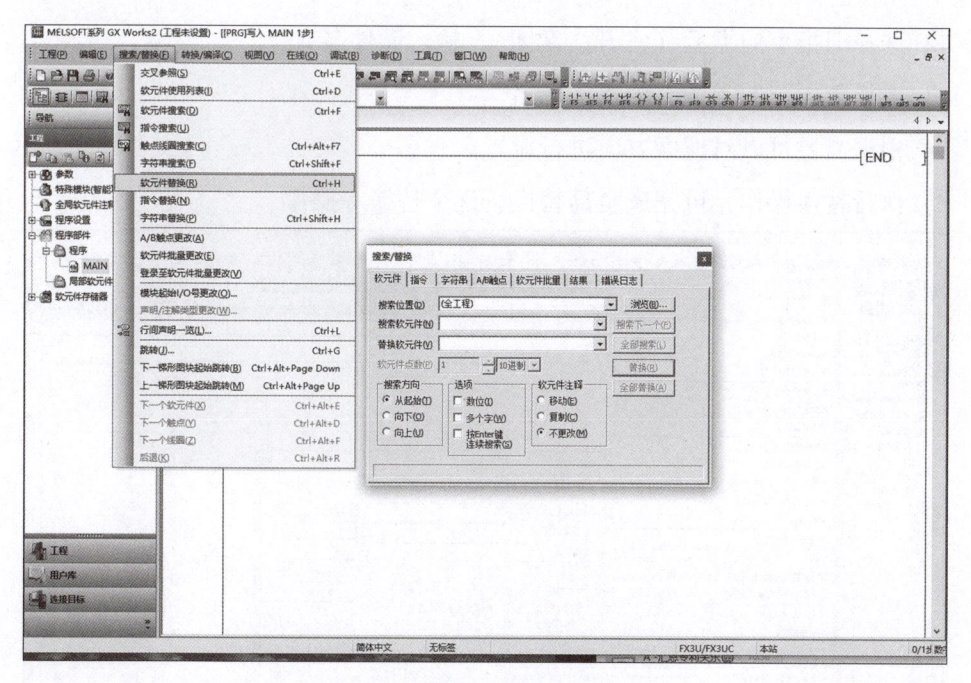

图1-2-3 编程软元件替换操作界面

说明:

① 替换点数。举例说明:当在"搜索软元件"文本框中输入"X002",在"替换软元件"文本框中输入"M10"且"软元件点数"设定为"1"时,执行该

操作的结果是："X002"替换为"M10"; "X003"替换为"M11"; "X004"替换为"M12"。此外，设定替换点数时可选择输入的数据为十进制或十六进制。

② 软元件注释。在替换过程中可以选择注释是否跟随旧元件移动，如选择"不移动"，则软元件注释不跟随旧元件移动，而是留在原位成为新元件的注释；当选择"移动"时，则说明注释将跟随旧元件移动。

③ 搜索方向。可选择从起始位置开始查找、从光标位置向下查找、在设定的范围内查找。

（2）指令替换。

"指令替换"命令：可以用一个新的指令替换旧指令，在实际操作过程中，可以根据用户的需要或操作习惯设定替换类型、查找方向，方便用户操作。

操作步骤：

① 在菜单栏中选择"搜索/替换"→"指令替换"命令，弹出"指令替换"对话框，如图1-2-4所示。

② 选择旧指令的类型（常开、常闭），输入元件名。

③ 选择新指令的类型，输入元件名。

④ 根据需要可以对搜索方向进行设置。

⑤ 执行替换操作，可完成全部替换、逐个替换等操作。

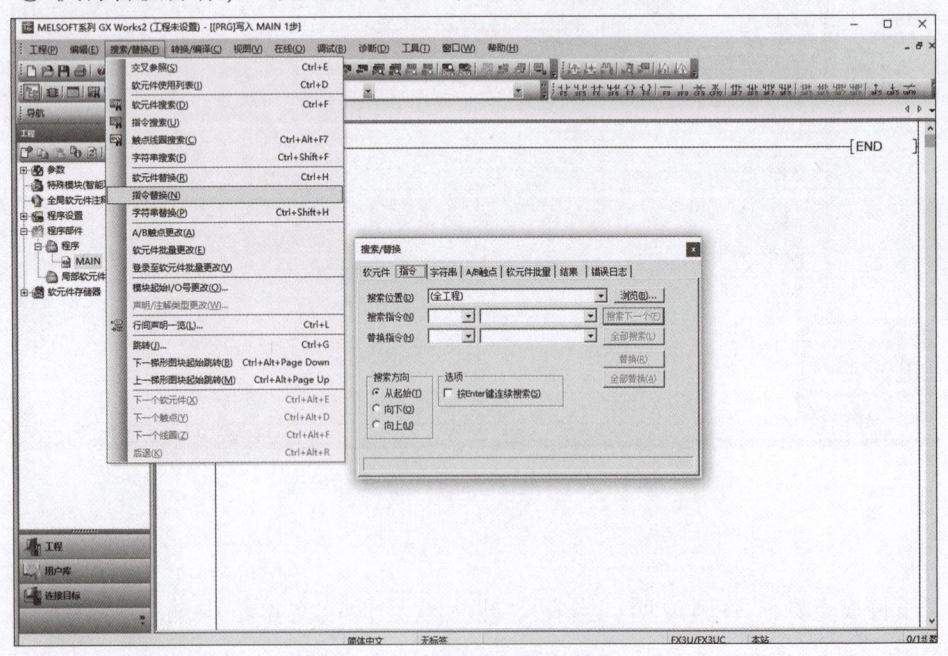

图1-2-4 指令替换操作界面

(3) A/B 触点更改。

"A/B 触点更改"命令：可以将一个或连续若干个软元件的常开、常闭触点进行互换，该操作为修改程序提供了极大的方便，避免因遗漏导致个别软元件未能修改而产生的错误。

操作步骤：

① 在菜单栏中选择"搜索/替换"→"A/B 触点更改"命令，弹出"A/B 触点更改"对话框，如图 1-2-5 所示。

② 输入元件名。

③ 根据需要对搜索方向、替换点数等进行设置。这里的替换点数与软元件替换中的替换点数的使用和含义相同。

④ 执行替换操作，可完成全部替换、逐个替换功能。

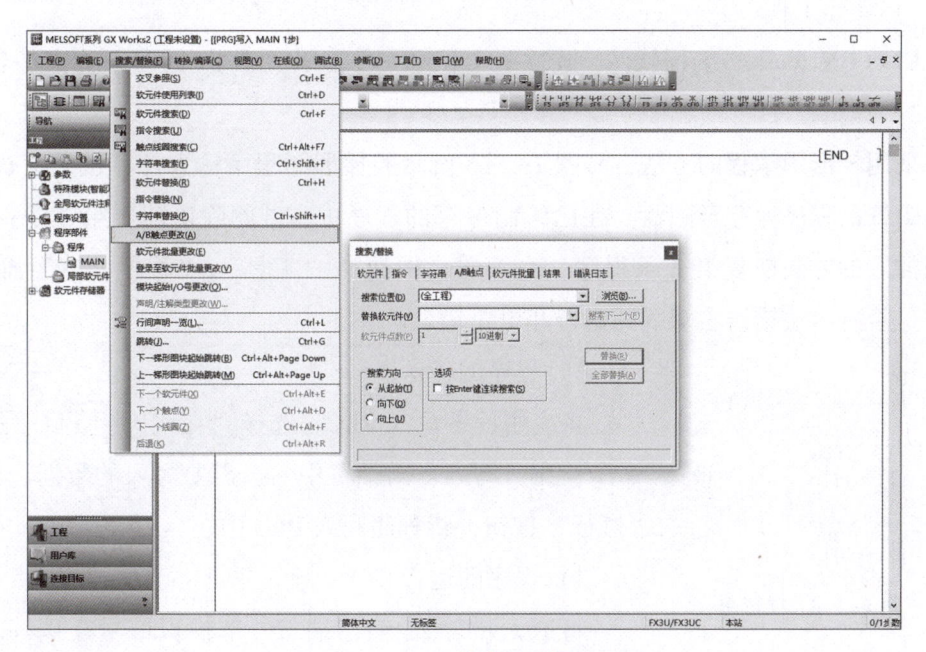

图 1-2-5　A/B 触点更改操作界面

程序编辑完成后，便可单击"在线"菜单，选择"PLC 写入"，将用户程序下载到 PLC 中。

3. 调试及运行监控

GX Works2 编程软件提供了两种不同的模式，可使用户直接在软件环境下对当前各个软元件的运行状态和当前性质进行监控，并调试用户程序。

（1）监视模式。在菜单栏中选择"在线"→"监视"→"监视模式"命令，进入监视模式，此时可实时监视程序的运行状态。

（2）监视写入模式。在菜单栏中选择"在线"→"监视"→"监视写入模式"命令，进入监视写入模式，此时不仅可实时监视程序的运行状态，还可在监视的同时将要更改的程序直接下载到 PLC 主机，实现监视写入的功能。

【任务实施】

1. 安装软件环境

安装 GX Works2 编程软件，依据下文的步骤，在 PLC 实训台上完成梯形图的编辑、传送和调试。

2. 任务实训

1）新建工程

启动 GX Works2 编程软件，建立一个程序文件，以"学号+姓名"为文件名。

2）编辑程序

采用梯形图编程的方法，将图 1-2-6 所示的梯形图程序输入计算机，检查后，将编辑好的程序保存至磁盘。在已编制保存的程序中，试删除语句表第 2 条程序，再用插入的方法恢复第 2 条程序。在菜单栏中选择"工具"→"程序检查"命令，检查是否有语法错误、双线圈错误和电路错误。

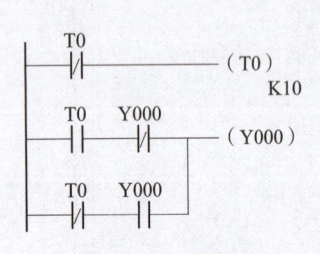

图 1-2-6 梯形图

3）程序的传送

将应用程序写入 PLC。选择"在线"→"PLC 写入"命令，在"写入"对话框中勾选需要写入的数据，单击"执行"按钮，将程序写入 PLC 中。

4）程序的运行

将 PLC 的输入/输出端与外部模拟信号连接好。将 PLC 设置为"RUN"状态，此时 PLC 的 Y000 输出指示灯亮一秒、灭一秒，不停闪烁。

5）程序监视

在菜单栏中选择"在线"→"监视"→"监视（写入模式）"命令，监控 T0 及 Y000 元件。在梯形图中，将定时器的时间常数改为 2 s，再次执行步骤 3），并观察 Y000 闪烁周期是否发生变化。在菜单栏中选择"工具"→"选项"→"RUN 中写入"命令后，则不需要执行步骤 3），PLC 在程序运行过程中可随时写入更改后的程序。

▲注意事项

(1) 软件设置过程中要随时保存参数设置。

(2) 程序输入过程中要随时保存,并将程序保存在磁盘系统分区以外,注意保存路径的修改。

(3) 注意观察输入/输出的变化和程序中的监视功能。

3. 检查与评估

(1) 检查 GX Works2 编程软件的安装是否正确,软件可否正常使用。

(2) 检查梯形图和指令表的编辑是否正确。

(3) 检查软件的设置是否正确,程序能否正常传送、调试。

(4) 检查现象是否正确。

【自主练习】

分别用梯形图编辑方法和指令表编辑方法输入自定义的梯形图程序,将文件名命名为"002",并试运行"程序检查"命令。检查是否有语法错误、双线圈错误和电路错误。

项目 2　基本指令及其应用

学习情境

基本指令是 PLC 中最基本的编程语言，掌握了它也就初步掌握了 PLC 的使用方法。本项目以三菱公司 FX3U 系列 PLC 为例，逐条学习其指令的功能和使用方法。每条指令及其应用实例都以梯形图和指令表两种编程语言进行对照说明。

一、教学目的

1. 掌握三菱公司 FX3U 系列 PLC 的基本指令；
2. 掌握指令表和梯形图之间的相互转换；
3. 掌握步进指令与顺序功能图的编写；
4. 培养学生的网络素养；
5. 引导学生注意安全，爱护他人。

二、教学内容

1. 基本指令介绍；
2. 梯形图编写方法；
3. 指令表语言；
4. 步进指令与顺序功能图。

三、教学重点

基本指令的运用。

四、教学难点

顺序功能图的编写。

任务 2.1　电动机单向启停控制

【工作任务】

将三相异步电动机直接启动的继电-接触控制系统（电气原理图见图 2-1-1）改为 PLC 控制。具体设计要求：按下启动按钮 SB2 时，电动机启动并自锁；按下停止按钮 SB1 或热继电器 FR 动作时，电动机停止转动。

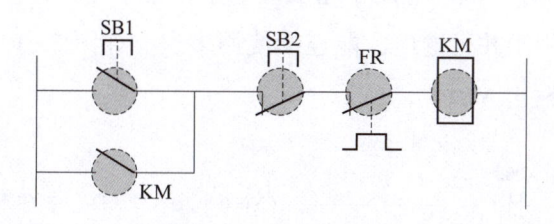

图 2-1-1　电气原理图

【相关知识】

PLC 编程语言中最常采用的是梯形图和指令表语言。本书以 FX 系列的 FX3U PLC 为例介绍基本指令。

2.1.1　逻辑取及驱动线圈指令

逻辑取及驱动线圈指令（LD/LDI/OUT）助记符及其功能见表 2-1-1。

逻辑取反及驱动线圈指令

表 2-1-1　逻辑取及驱动线圈指令

符号（名称）	功能	梯形图表示	操作元件	程序步
LD（取）	常开触点与母线相连	X000	X, Y, M, T, C, S	1
LDI（取反）	常闭触点与母线相连	X000	X, Y, M, T, C, S	1

续表

符号（名称）	功能	梯形图表示	操作元件	程序步
OUT（输出）	线圈驱动	-(Y000)-	Y, M, T, C, S, F	Y, M：1 S, M（特）：2 T：3 C：3~5

指令说明：

（1）LD 与 LDI 指令用于与母线相连的接点，此外还可用于分支电路的起点。

（2）OUT 指令是线圈的驱动指令，可用于输出继电器、辅助继电器、定时器、计数器、状态寄存器等，但不能用于输入继电器。

（3）OUT 指令用于并行输出，能连续使用多次。如图 2-1-2 所示，梯形图中输出 Y000，紧接着输出 M0。

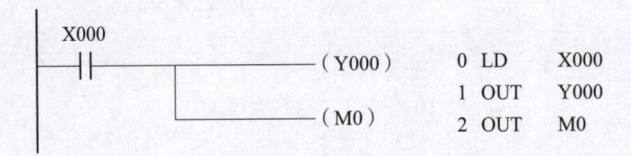

```
0  LD   X000
1  OUT  Y000
2  OUT  M0
```

图 2-1-2　OUT 指令并行多次输出

2.1.2　触点串联指令和并联指令

触点串联指令（AND/ANDI）和并联指令（OR/ORI）的指令助记符及其功能见表 2-1-2。

表 2-1-2　触点串联指令和并联指令

符号（名称）	功能	梯形图表示	操作元件
AND（与）	常开触点串联连接	X000　X001	X, Y, M, T, C, S
ANI（与非）	常闭触点串联连接	X000　X001	X, Y, M, T, C, S
OR（或）	常开触点并联连接	X000 X001	X, Y, M, T, C, S

续表

符号（名称）	功能	梯形图表示	操作元件
ORI（或非）	常闭触点 并联连接	X000 X000	X，Y，M，T，C，S

指令说明：

(1) 使用 AND、ANI 指令可进行一个触点与前面电路的串联连接。串联触点的数量不受限制，该指令可多次使用。

(2) OR、ORI 指令可进行一个触点与上面电路的并联连接。并联触点的数量不受限制，该指令可多次使用。

AND、ANI 指令和 OR、ORI 指令应用举例如图 2-1-3 所示。

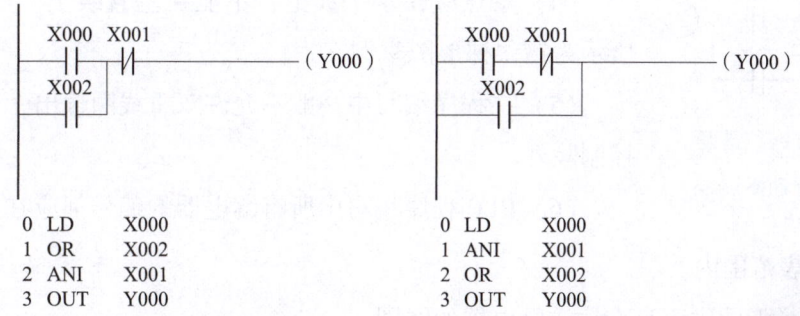

```
X000  X001
 ├─┤├──┤/├──────（Y000）
X002
 ├─┤├──┤

0  LD   X000
1  OR   X002
2  ANI  X001
3  OUT  Y000
```

```
X000  X001
 ├─┤├──┤/├──────（Y000）
       X002
       ├─┤├──┤

0  LD   X000
1  ANI  X001
2  OR   X002
3  OUT  Y000
```

图 2-1-3 AND、ANI、OR、ORI 指令应用举例

2.1.3 置位指令和复位指令

置位指令（SET）和复位指令（RST）的指令助记符及其功能见表 2-1-3。

表 2-1-3 置位指令和复位指令助记符及其功能

符号（名称）	功能	梯形图表示	操作元件
SET（置位）	动作保持	─[SET　Y000]	Y，M，S
RST（复位）	消除动作保持，寄存器清零	─[RST　Y000]	Y，M，S，T，C，D，V，Z

2.1.4 END 指令

END 指令是表示程序结束的指令。该指令常用于两种情况：一是在程序结束时，通过 END 指令使得 PLC 扫描周期中的程序执行阶段及时结束，尽快进入输出刷新阶段以减少扫描周期时间；二是逐段调试程序时使用。

2.1.5 PLC 的编程原则

PLC 编程应遵循以下基本规则：

（1）输入/输出继电器、辅助继电器、定时器、计数器等软元件的触点可以多次重复使用，无需复杂的程序结构来减少触点的使用次数。

（2）梯形图每一行都是从左母线开始，线圈止于右母线。触点不能直接接到右母线；线圈不能直接接到左母线。

（3）梯形图的触点可以任意串联、并联，而输出的线圈可以并联但不能串联。

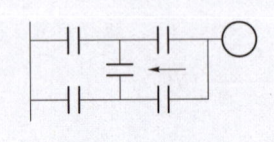

（4）触点应在水平线上，不能在垂直线上。图 2-1-4 所示为错误梯形图举例。

图 2-1-4 错误梯形图举例

（5）在程序编写中一般不允许双重线圈输出，步进顺序控制除外。

（6）PLC 程序编写中所有继电器的编号都应在所选 PLC 软元件列表范围内。

（7）梯形图中不存在输入继电器的线圈。

（8）结束时应有结束符。

【任务实施】

根据工作任务及相关知识，按以下步骤实施。

1. I/O 分配

利用梯形图编程，首先必须确定所使用的编程元件编号，PLC 是按编号来区别操作元件的。我们选用 FX3U 型号的 PLC，其内部元件的地址使用时一定要明确，每个元件绝不能在同一时刻担任几个角色。一般来讲，配置好的 PLC，其输入点数与控制对象的输入信号数总是对应的，输出点数与输出的控制回路数也是对应的（如果有模拟量，则模拟量的路数与实际的也要相当），故 I/O 的分配实际上是把 PLC 的输入、输出点号分给实际的 I/O 电路，编程时按点号建立逻辑或控制关系，接线时按点号"对号入座"进行接线。

根据任务控制要求分析，输入信号有三个：控制信号启动按钮 SB1、停止按钮

SB2 以及热继电器触点 FR 的检测信号；输出信号有一个，即接触器线圈。电动机的启动、自锁、停止系统 I/O 分配表见表 2-1-4。

表 2-1-4　电动机的启动、自锁、停止系统 I/O 分配表

输入信号			输出信号		
序号	PLC 输入点	信号名称	序号	PLC 输出点	信号名称
1	X000	启动按钮 SB1	1	Y000	电动机控制线圈 KM
2	X001	停止按钮 SB2			
3	X002	热继电器 FR			

该系统的 I/O 接线图如图 2-1-5 所示。

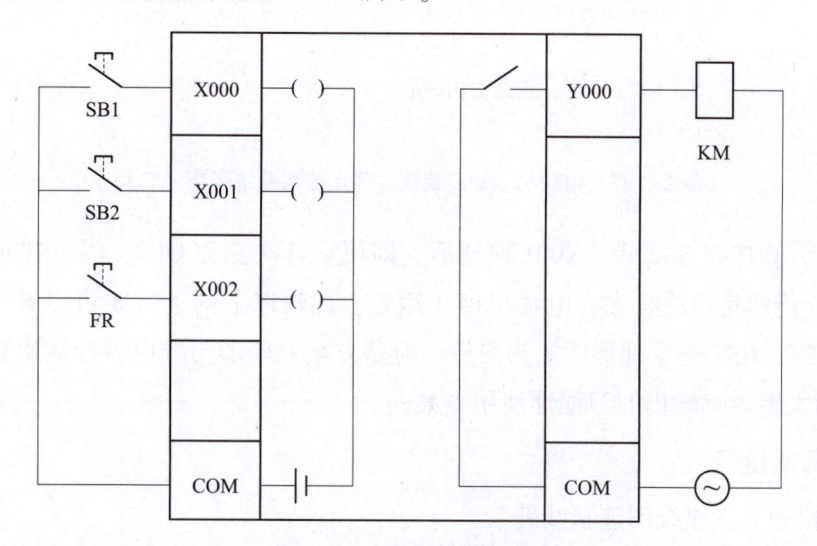

图 2-1-5　PLC 硬件接线图

2. PLC 编程

单台电动机的启动、自锁、停止系统设计可以有多个方案。

（1）方案一，如图 2-1-6 所示。

```
0  LD   X000
1  OR   Y000
2  ANI  X001
3  ANI  X002
4  OUT  Y000
5  END
```

图 2-1-6　电动机启动、自锁、停止控制系统程序（一）

工作过程：按下启动按钮 SB1 后，X000 为 ON，其常开触点接通，SB2 未动，X001 常闭触点保持闭合，所以 Y000"线圈"得电，输出信号使电动机控制线圈 KM 得电，KM 主触头控制的电动机启动。Y000 的常开触点得电，自锁，即使松开 SB1，X000 变为 OFF，Y000"线圈"仍旧得电，电动机保持运转。按下停止按钮 SB2 后，X001 的常闭触点断开，Y000"线圈"断电，Y000 常开触点断开，电动机停止运转。

（2）方案二，如图 2-1-7 所示。

工作过程：按下启动按钮 SB1 后，X000 为 ON，接通后，即使它再次变为 OFF，因 SET 的置位作用，Y000 依然被吸合，电动机持续运转。

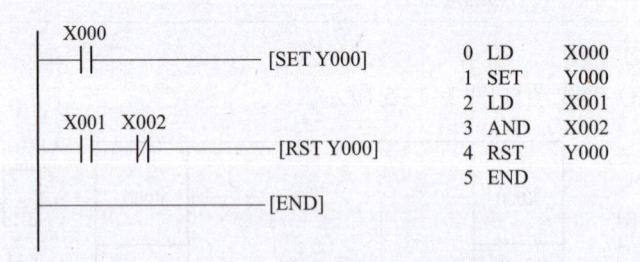

```
    X000
    ─┤├──────────────[SET Y000]      0 LD   X000
                                      1 SET  Y000
    X001  X002                        2 LD   X001
    ─┤├───┤/├────────[RST Y000]       3 AND  X002
                                      4 RST  Y000
                     ─────[END]       5 END
```

图 2-1-7　电动机启动、自锁、停止控制系统程序（二）

按下停止按钮 SB2 后，X001 接通后，即使它再次变为 OFF，因 RST 的复位作用，Y000 仍然是释放状态，电动机停止运转。比较以上两个方案可以看出，方案二利用 SET、RST 指令梯形图更为简洁，但是方案一外形与继电器控制电路外形一致，从而大多数时候仍旧习惯性使用方案一。

3. 调试运行

1）根据 I/O 接线图连接线路。

2）用 GX Works2 软件编写程序，并下载到 PLC，运行。

3）按控制按钮，观察电动机是否正常启动、停止。

4. 检查与评估

（1）检查 I/O 接线是否正确，I/O 设备是否正常使用。

（2）检查梯形图和指令表的编辑是否正确。

（3）检查现象是否正确。

【自主练习】

设计单台电动机的正反转控制电路。

控制要求：按下正转按钮 SB2，电动机正转；按下反转按钮 SB3，电动机反转。电动机禁止同时正反转。按下停止按钮 SB1，电动机停止运转。要求有电气互锁与机械互锁。

要求按以下步骤设计并实训：

(1) 列出 I/O 分配表；

(2) 编写 PLC 梯形图程序并写出指令表；

(3) 安装并调试运行。

任务 2.2　楼梯照明控制

【工作任务】

楼梯间电灯控制：楼上楼下分别有两个开关 A、B，它们共同控制电灯 HL。在楼下按开关 A 可以开灯，当上楼后按开关 B 可以关灯，反之亦然。

【相关知识】

电路块的并联和串联指令（ORB、ANB）

2.2.1　电路块的串联和并联指令（ANB、ORB）

电路块的串联和并联指令（ANB、ORB）的指令助记符及其功能见表 2-2-1。

表 2-2-1　电路块连接指令助记符及其功能

符号（名称）	功能	梯形图表示	操作元件	程序步
ANB（块与）	电路块串联连接	X000 X001 X002 X003	无	1
ORB（块或）	电路块并联连接	X000 X001 X002 X003	无	1

指令说明：

(1) ANB 用于电路块与前面电路串联。电路块的分支用 LD、LDI 指令，结束用 ANB 指令表示与前面电路串联，应用举例如图 2-2-1 所示。

（2）ORB 用于电路块与上面电路并联。电路块的分支用 LD、LDI 指令，结束用 ORB 指令表示与上面电路并联，应用举例如图 2-2-2 所示。

```
0  LD   X000
1  LDI  X002
2  OR   X004
3  ANB
4  OUT  Y002
5  END
```

```
0  LD   X000
1  AND  X002
2  LD   X004
3  AND  X005
4  ORB
5  OUT  Y002
6  END
```

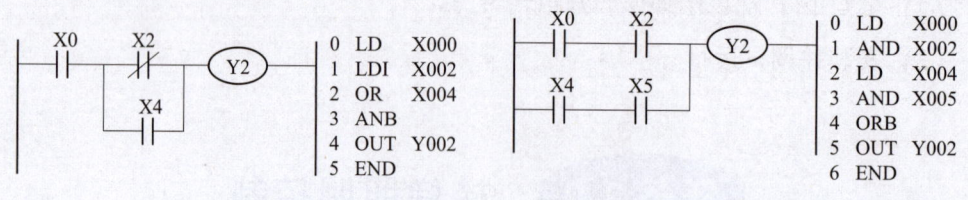

图 2-2-1 ANB 电路块串联指令应用举例　　　图 2-2-2 ORB 电路块并联指令应用举例

（3）ANB、ORB 指令间断使用次数不限，集中使用不允许超过 8 次。集中应用举例如图 2-2-3 所示。

梯形图程序　　　　　　　　　　　　指令表程序

```
0000  LD   X000
0001  OR   X001
0002  LD   X002      ← 分支起点
0003  AND  X003
0004  LDI  X004
0005  AND  X005
0006  ORB              ← 并联块的结束
0007  OR   X006
0008  ANB              ← 与前面的回路串联连接
0009  OR   X003
0010  OUT  Y007
```

（a）

梯形图程序　　　　　　　　　　　　指令表程序

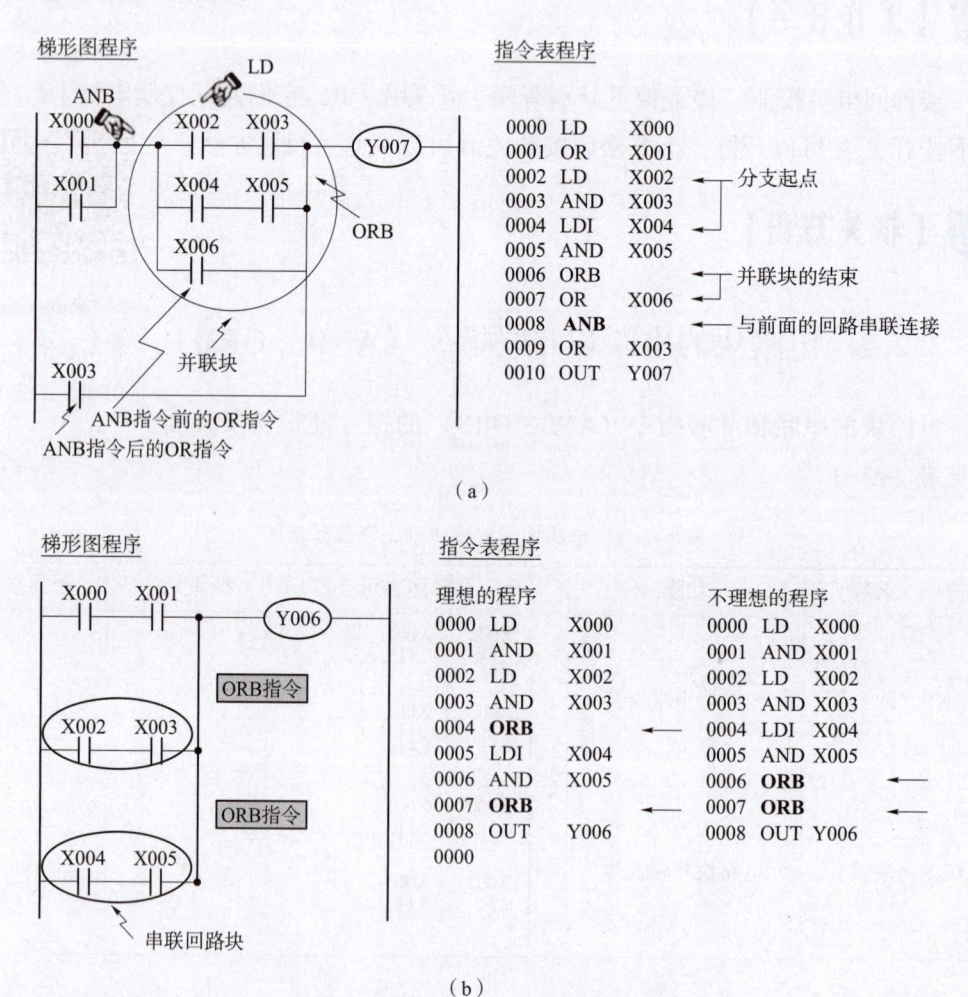

理想的程序　　　　　　　　　不理想的程序

```
0000  LD   X000         0000  LD   X000
0001  AND  X001         0001  AND  X001
0002  LD   X002         0002  LD   X002
0003  AND  X003         0003  AND  X003
0004  ORB        ←      0004  LDI  X004
0005  LDI  X004         0005  AND  X005
0006  AND  X005         0006  ORB        ←
0007  ORB        ←      0007  ORB        ←
0008  OUT  Y006         0008  OUT  Y006
0000
```

（b）

图 2-2-3 ANB、ORB 指令集中应用举例

（a）ANB 集中应用举例；（b）ORB 集中应用举例

(4) ANB、ORB 指令均无操作元件。

2.2.2 梯形图的设计原则

梯形图设计原则：少用或尽量不用 ANB、ORB 指令，通过变换梯形图可以节省指令，如图 2-2-4 所示。程序的编写应按照自上而下、从左到右的方式。为了减少程序的执行步数，程序应"左大右小、上大下小"，尽量不出现电路块在右边或下边的情况。

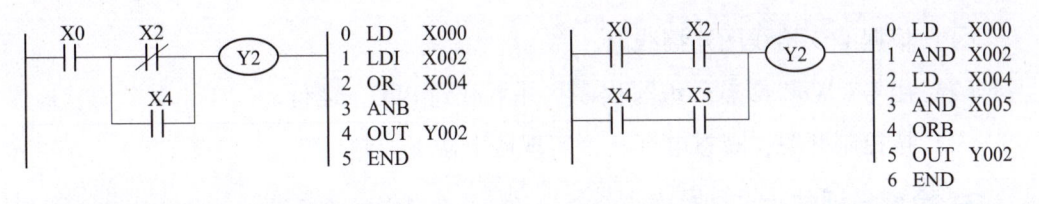

```
 X0   X2          0 LD  X000         X0   X2          0 LD  X000
─┤├──┤/├──(Y2)   1 LDI X002        ─┤├──┤├──(Y2)    1 AND X002
   X4             2 OR  X004          X4   X5         2 LD  X004
 ─┤├─             3 ANB             ─┤├──┤├─          3 AND X005
                  4 OUT Y002                          4 ORB
                  5 END                               5 OUT Y002
                                                      6 END
```

图 2-2-4　梯形图变换简化指令示意图

【任务实施】

1. 楼梯照明控制系统设计

(1) 根据任务要求，分析输入信号有两个，即楼下开关 A、楼上开关 B。输出信号有一个，即楼梯间电灯 HL。分配 I/O 地址见表 2-2-2。

表 2-2-2　楼梯照明控制系统 I/O 分配表

输入信号			输出信号		
序号	PLC 输入点	信号名称	序号	PLC 输出点	信号名称
1	X000	楼下开关 A	1	Y000	楼梯间电灯 HL
2	X001	楼上开关 B			

该系统的 I/O 接线图如图 2-2-5 所示。

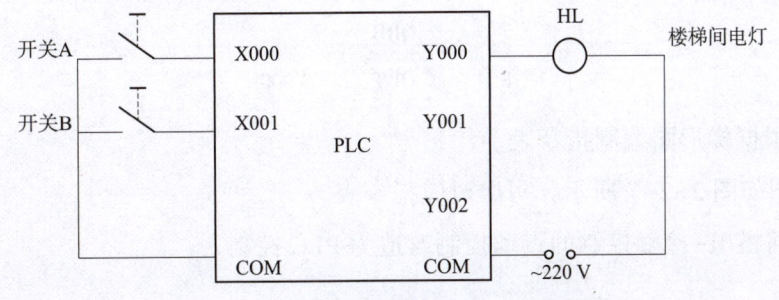

图 2-2-5　楼梯照明控制系统 I/O 接线图

(2)系统程序梯形图与指令语言如图 2-2-6 所示。

```
    X0    X1                      0  LD   X000
    ┤├────┤├──────────(Y000)      1  ANI  X001
                                  2  LDI  X000
    X0    X1                      3  AND  X001
    ┤├────┤├                      4  ORB
                                  5  OUT  Y000
                      [END]       6  END
```

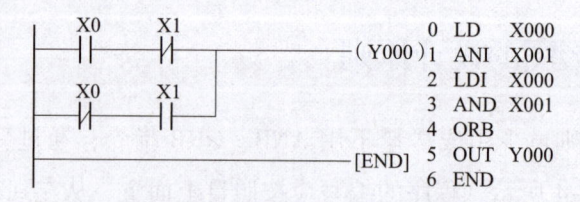

图 2-2-6　楼梯照明控制系统程序设计

2. 调试运行

（1）根据 I/O 接线图连接线路。

（2）用 GX Works2 软件编写程序，并下载到 PLC，运行。

（3）按控制开关，观察电灯是否实现楼上楼下控制。

3. 检查与评估

（1）检查 I/O 接线是否正确，I/O 设备是否正常使用。

（2）检查梯形图和指令表的编辑是否正确。

（3）检查现象是否正确。

【自主练习】

（1）根据指令绘制梯形图。

0	LD	X000
1	AND	X001
2	LD	X002
3	AND	X003
4	ORB	
5	LDI	X004
6	AND	X005
7	ORB	
8	OUT	Y000

（2）根据梯形图编制指令表。

梯形图如图 2-2-7 所示，写出对应指令表。

（3）将继电-接触控制的点动控制改造为 PLC 控制。

图 2-2-7　练习题（2）

任务 2.3　电动机 Y-△ 降压启动控制

【工作任务】

电动机 Y-△ 降压启动的继电-接触控制电气原理图如图 2-3-1 所示，当按下启动按钮 SB2 时，接触器 KM1、KM3 得电，电动机星形（Y）启动。同时，时间继电器得电开始计时，计时 3 s 后，KM3 断电，KM1、KM2 得电，电动机三角形（△）运行。当按下停止按钮 SB1 时，电动机停止运转。试将图 2-3-1 所示的继电-接触控制改造为 PLC 控制。

电动机 Y-△ 降压启动控制

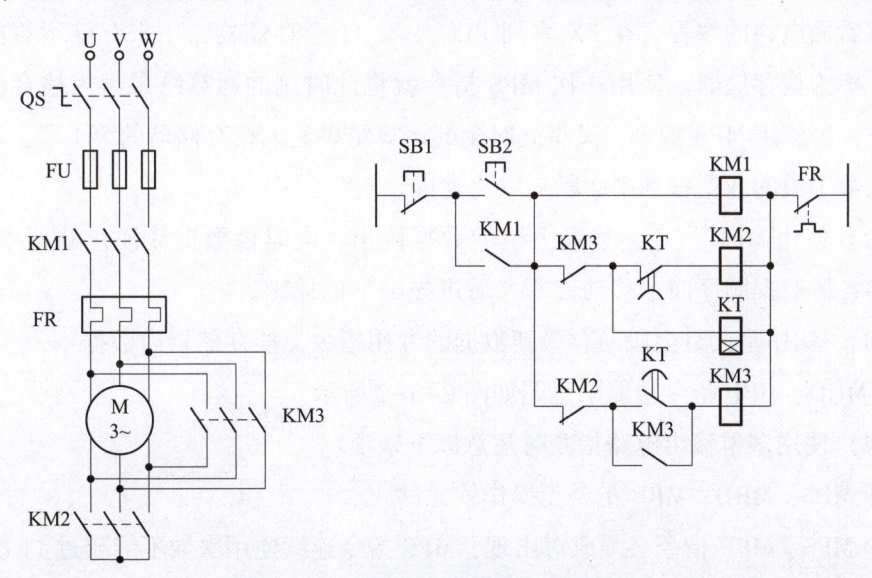

图 2-3-1　继电-接触控制电气原理图

【相关知识】

2.3.1 多重输出电路指令

多重输出电路指令的指令助记符及其功能见表2-3-1。

表 2-3-1 多重输出电路指令助记符及其功能

符号（名称）	功能	梯形图表示	操作元件	程序步
MPS（进栈）	将逻辑运算结果存入栈存储器	MPS / MRD / MPP	无	1
MRD（读栈）	读出栈存储器结果	MPS	无	1
MPP（出栈）	取出栈存储器结果并清除	MRD / MPP	无	1

指令说明：

（1）MPS、MRD、MPP 这组指令的功能是将连接点的结果存储起来，以方便连接点后面电路的编程。在 FX 系列 PLC 中有 11 个存储器，用来存储运算的中间结果，称为栈存储器。使用一次 MPS 指令就将此时刻的运算结果送入栈存储器的第 1 段；再使用 MPS 指令，又将此时刻的运算结果送入栈存储器的第 1 段，而将原先存入第 1 段的数据移到第 2 段，以此类推。

（2）使用 MPP 指令，将最上段的数据读出，同时该数据从栈存储器中消失，下面的各段数据顺序向上移动，即"后进先出"的原则。

（3）MRD 是读最上段所存最新数据的专用指令，栈存储器内数据不发生移动。MPS、MRD、MPP 指令功能示意图如图 2-3-2 所示。

（4）使用多重输出电路指令时注意以下事项：

① MPS、MRD、MPP 指令无操作软元件。

② MPS、MPP 指令必须成对出现，MPS 指令连续使用次数不能超过 11 次。

③ 当进栈 MPS 指令后仅有两条不同支路驱动两个不同继电器（线圈）时，不

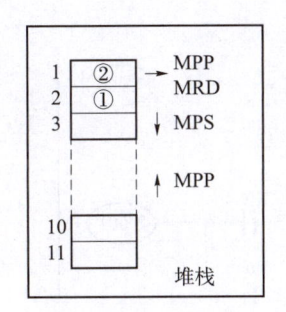

图 2-3-2　MPP、MRD、MPS 功能示意图

使用读栈指令 MRD，仅用 MPS、MPP 指令。

④ MPS、MRD、MPP 指令后，可以不经任何触点而直接驱动继电器（线圈），使用 OUT 指令。此时不同于主控 MC 指令。

⑤ MPS、MRD、MPP 指令之后若有单个常开或常闭触点串联，则应该使用 AND 或 ANI 指令。应用举例如图 2-3-3 所示。

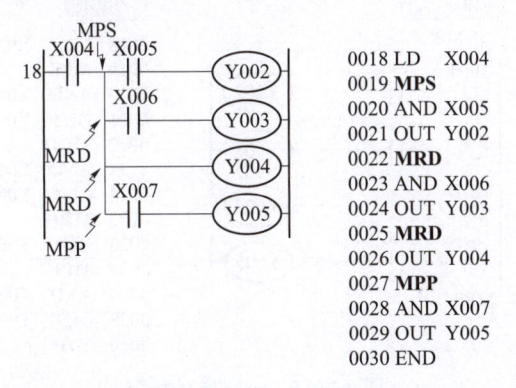

```
0018 LD   X004
0019 MPS
0020 AND  X005
0021 OUT  Y002
0022 MRD
0023 AND  X006
0024 OUT  Y003
0025 MRD
0026 OUT  Y004
0027 MPP
0028 AND  X007
0029 OUT  Y005
0030 END
```

图 2-3-3　MPS、MRD、MPP 指令应用举例 1

⑥ MPS、MRD、MPP 指令之后若有触点组成的电路块串联，则应该使用 ANB 指令；若不用 ANB 指令，则会出现控制逻辑错误。应用举例如图 2-3-4 所示。

2.3.2　拓展知识

MPS、MRD、MPP 指令使用时可以有多层堆栈。

（1）一层堆栈，举例如图 2-3-5 所示。

（2）两层堆栈，举例如图 2-3-6 所示。

（3）四层堆栈，举例如图 2-3-7 所示。

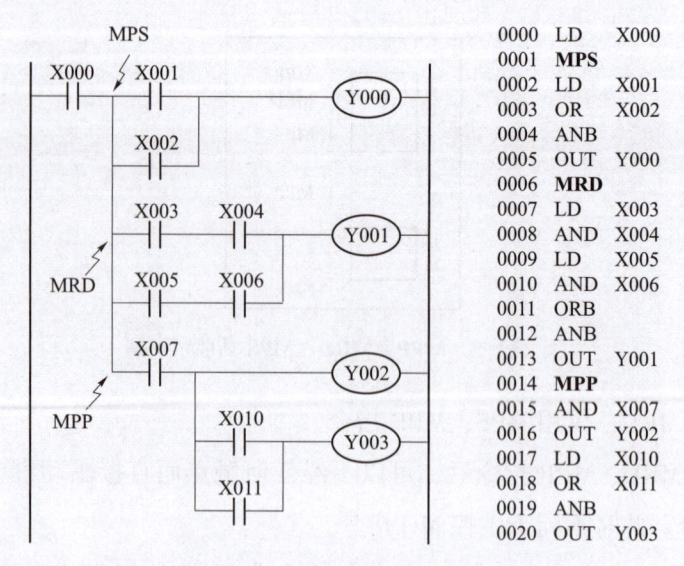

图 2-3-4 MPS、MRD、MPP 指令应用举例 2

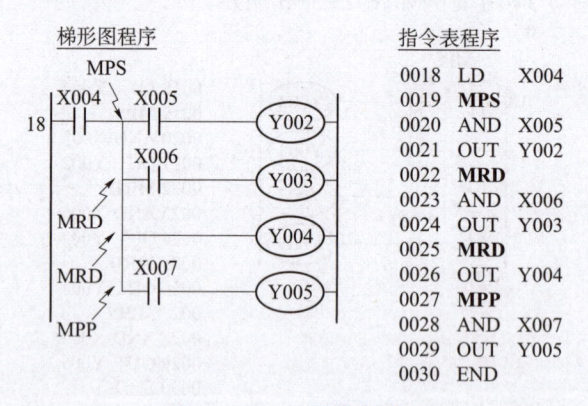

地址	指令	操作数
0000	LD	X000
0001	**MPS**	
0002	LD	X001
0003	OR	X002
0004	ANB	
0005	OUT	Y000
0006	**MRD**	
0007	LD	X003
0008	AND	X004
0009	LD	X005
0010	AND	X006
0011	ORB	
0012	ANB	
0013	OUT	Y001
0014	**MPP**	
0015	AND	X007
0016	OUT	Y002
0017	LD	X010
0018	OR	X011
0019	ANB	
0020	OUT	Y003

图 2-3-5 一层堆栈举例

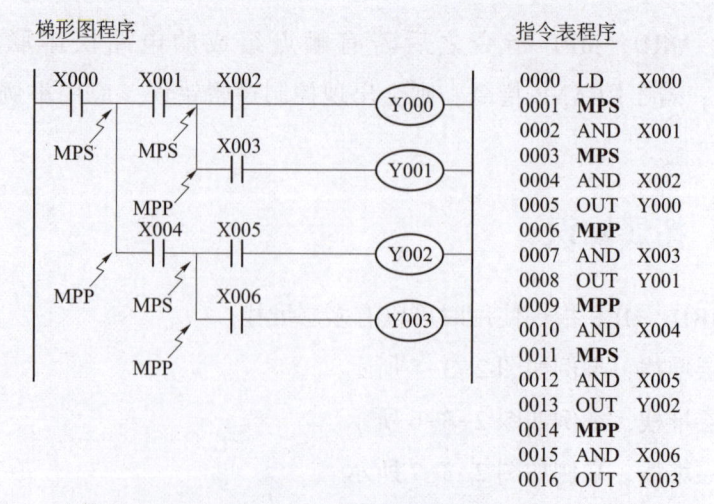

地址	指令	操作数
0018	LD	X004
0019	**MPS**	
0020	AND	X005
0021	OUT	Y002
0022	**MRD**	
0023	AND	X006
0024	OUT	Y003
0025	**MRD**	
0026	OUT	Y004
0027	**MPP**	
0028	AND	X007
0029	OUT	Y005
0030	END	

图 2-3-6 两层堆栈举例

地址	指令	操作数
0000	LD	X000
0001	**MPS**	
0002	AND	X001
0003	**MPS**	
0004	AND	X002
0005	OUT	Y000
0006	**MPP**	
0007	AND	X003
0008	OUT	Y001
0009	**MPP**	
0010	AND	X004
0011	**MPS**	
0012	AND	X005
0013	OUT	Y002
0014	**MPP**	
0015	AND	X006
0016	OUT	Y003

梯形图程序　　　　　　　　　　　　指令表程序

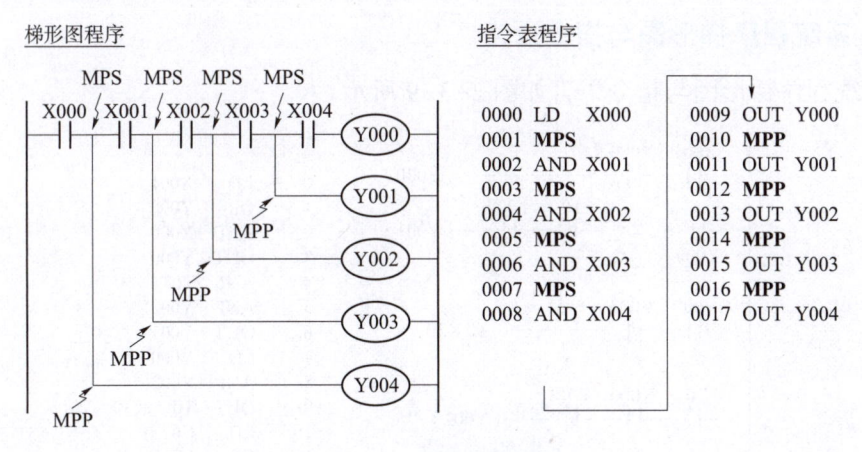

```
0000  LD    X000      0009  OUT  Y000
0001  MPS             0010  MPP
0002  AND   X001      0011  OUT  Y001
0003  MPS             0012  MPP
0004  AND   X002      0013  OUT  Y002
0005  MPS             0014  MPP
0006  AND   X003      0015  OUT  Y003
0007  MPS             0016  MPP
0008  AND   X004      0017  OUT  Y004
```

图 2-3-7　四层堆栈举例

【任务实施】

1. I/O 分配

根据任务分析，有两个输入信号，即停止按钮 SB1、启动按钮 SB2；有三个输出信号，即电动机控制线圈 KM1、Y 控制线圈 KM2、△控制线圈 KM3。分配 I/O 地址如表 2-3-2 所示。

表 2-3-2　电动机 Y-△降压启动控制系统 I/O 分配表

输入信号			输出信号		
序号	PLC 输入点	信号名称	序号	PLC 输出点	信号名称
1	X000	停止按钮 SB1	1	Y000	电动机控制线圈 KM1
2	X001	启动按钮 SB2	2	Y001	Y 控制线圈 KM2
			3	Y002	△控制线圈 KM3

该系统的 I/O 接线图如图 2-3-8 所示。

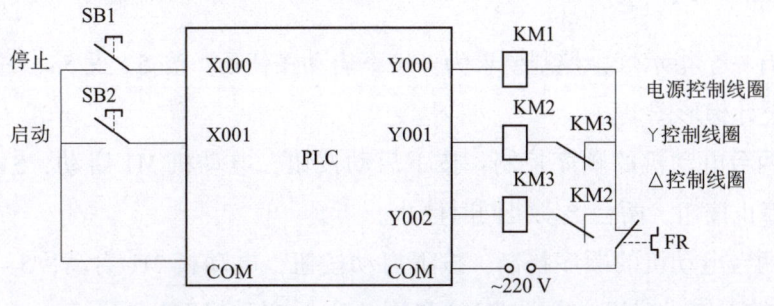

图 2-3-8　电动机 Y-△降压启动控制系统 I/O 接线图

2. 系统程序梯形图与指令语言

系统程序梯形图与指令语言如图 2-3-9 所示。

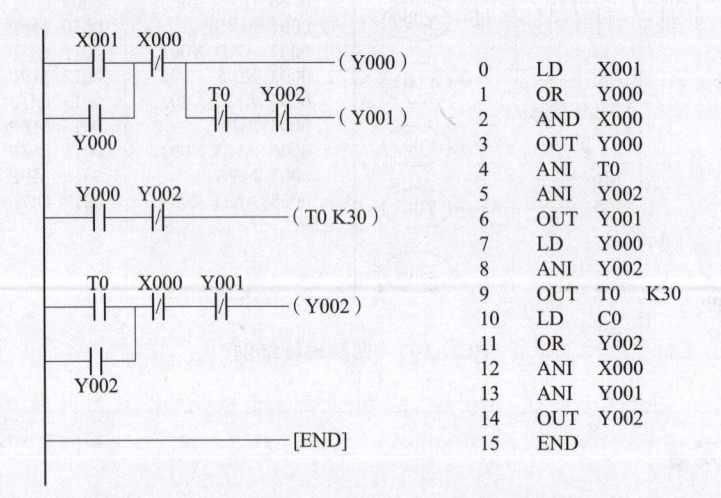

```
X001  X000
 ─┤├───┤/├─────────────────( Y000 )
       │   T0    Y002
 │     ├──┤/├───┤/├────────( Y001 )
 │ Y000│
 └─┤├──┘

 Y000  Y002
 ─┤├───┤/├─────────────────( T0  K30 )

  T0    X000  Y001
 ─┤├───┤/├───┤/├───────────( Y002 )
 │
 │ Y002
 └─┤├──┘

                          ─[ END ]
```

0	LD	X001
1	OR	Y000
2	AND	X000
3	OUT	Y000
4	ANI	T0
5	ANI	Y002
6	OUT	Y001
7	LD	Y000
8	ANI	Y002
9	OUT	T0 K30
10	LD	C0
11	OR	
12	ANI	X000
13	ANI	Y001
14	OUT	Y002
15	END	

图 2-3-9 电动机 Y-△ 降压启动控制系统程序设计

3. 调试运行

(1) 根据 I/O 接线图连接线路。

(2) 用 GX Works2 软件编写程序，并下载到 PLC，运行。

(3) 按控制开关，观察电动机是否完成 Y-△ 降压启动。首先按启动按钮 SB2，接触器 KM1、KM2 得电，电动机 Y 形启动。3 s 后，KM2 断电，KM1、KM3 得电，电动机 △ 形运行。当按下停止按钮 SB1 时，电动机停止运行。

4. 检查与评估

(1) 检查 I/O 接线是否正确、规范，I/O 设备是否正常使用。

(2) 检查梯形图和指令表的编辑是否正确。

(3) 检查现象是否正确。

【自主练习】

(1) 有一个指示灯，控制要求为：按下启动按钮后，亮 5 s 灭 5 s，重复 5 次后停止。试设计梯形图。

(2) 两台电动机的顺序控制：按下启动按钮，电动机 M1 启动，5 s 后 M2 启动。按下停止按钮，两台电动机同时停止。

(3) 两台电动机的顺序控制：按下启动按钮，电动机 M1 启动，5 s 后电动机 M2 启动。按下停止按钮，电动机 M2 先停，2 s 后电动机 M1 停止。

任务 2.4　单按钮长动控制电路

【工作任务】

单个控制按钮实现单台电动机的连续工作。

【相关知识】

2.4.1　脉冲输出指令

脉冲输出指令 PLS、PLF 的指令助记符与功能见表 2-4-1。

表 2-4-1　脉冲输出指令

符号（名称）	功能	梯形图	操作元件	程序步
PLS 上升脉冲	上升沿微分输出	─[PLS　M0]─	Y，M	2
PLF 下降脉冲	下降沿微分输出	─[PLF　Y000]─	Y，M	2

指令说明：

(1) 使用 PLS 指令时，仅在驱动输入 ON 后 1 个扫描周期内，软元件 Y、M 动作。

(2) 使用 PLF 指令时，仅在驱动输入 OFF 后 1 个扫描周期内，软元件 Y、M 动作。

2.4.2　脉冲式触头指令

脉冲式触头指令的助记符与功能见表 2-4-2。

表 2-4-2　脉冲式触头指令

符号（名称）	功能	操作元件	程序步
LDP 取脉冲	上升沿检测运算开始	X，Y，M，S，T，C	1
LDF 取脉冲	下降沿检测运算开始	X，Y，M，S，T，C	1
ANDP 与脉冲	上升沿检测串联连接	X，Y，M，S，T，C	1
ANDF 与脉冲	下降沿检测串联连接	X，Y，M，S，T，C	1
ORP 或脉冲	上升沿检测并联连接	X，Y，M，S，T，C	1
ORF 或脉冲	下降沿检测并联连接	X，Y，M，S，T，C	1

LDP、ANDP、ORP 指令为上升沿触发指令，当指定元件出现上升运动时（OFF→ON），其运算结果保持一个扫描周期为 ON。

LDF、ANDF、ORF 指令为下降沿触发指令，当指定元件出现下降运动时（ON→OFF），其运算结果保持一个扫描周期为 ON。应用举例如图 2-4-1 所示。其中，X000、X001、X002 从 OFF 变为 ON 时导通，X003、X004、X005 从 ON 变为 OFF 时导通。

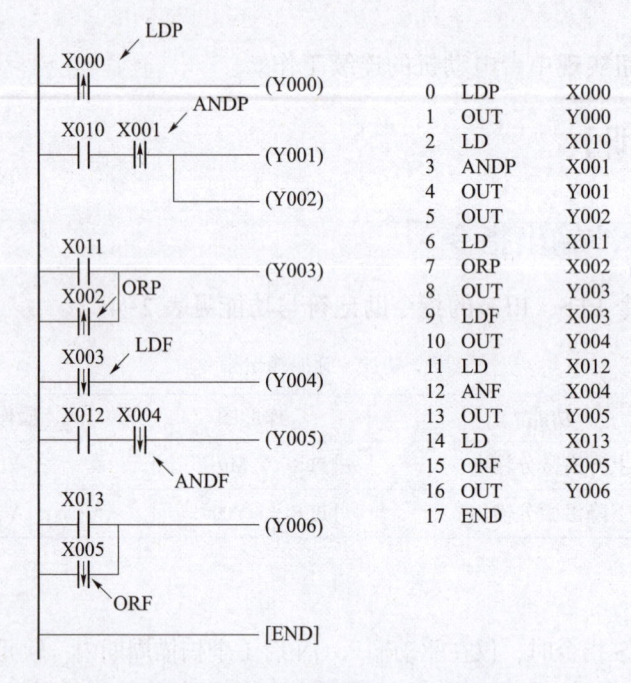

```
      LDP
      X000
      ─┤├──────────────────(Y000)

          ANDP
      X010  X001
      ─┤├───┤├─────────────(Y001)
               └───────────(Y002)

      X011
      ─┤├──────────────────(Y003)
      X002  ORP

      X003  LDF
      ─┤├──────────────────(Y004)

      X012  X004
      ─┤├───┤├─────────────(Y005)
               ANDF

      X013
      ─┤├──────────────────(Y006)
      X005
      ─┤├──
         ORF

                           [END]
```

0	LDP	X000
1	OUT	Y000
2	LD	X010
3	ANDP	X001
4	OUT	Y001
5	OUT	Y002
6	LD	X011
7	ORP	X002
8	OUT	Y003
9	LDF	X003
10	OUT	Y004
11	LD	X012
12	ANF	X004
13	OUT	Y005
14	LD	X013
15	ORF	X005
16	OUT	Y006
17	END	

图 2-4-1 脉冲式触头指令应用举例

2.4.3 计数器

计数器相关知识参看前文"1.1.7 三菱 FX3U 系列 PLC"编程元件计数器部分的相关内容，其应用举例如图 2-4-2 所示。

```
      X000
      ─┤├──────────────[RET C0]计数器复位

      M0   M8012
      ─┤├───┤├─────────(C0)      计数器计数，计数信
                       K18000    号由M8012产生

      C0
      ─┤├──────────────(Y002)    计数时间10 s后，计数器动作，
                                 Y002输出（100 ms×100=10 s）
```

图 2-4-2 计数器的应用举例

2.4.4　ALT 交替指令

利用功能指令中的 ALT 交替指令来实现单按钮控制，梯形图将更加简单。如图 2-4-3 所示，每来一次信号，输出状态改变一次，从 OFF 转换成 ON，或从 ON 转换成 OFF，状态交替转换。

```
       X000
40 ─────┤├──────────────────────────[ALTP  Y000 ]

44 ─────────────────────────────────────[END  ]
```

图 2-4-3　利用 ALT 交替指令实现单按钮控制

2.4.5　定时器、计数器典型电路

（1）振荡电路，如图 2-4-4 所示。

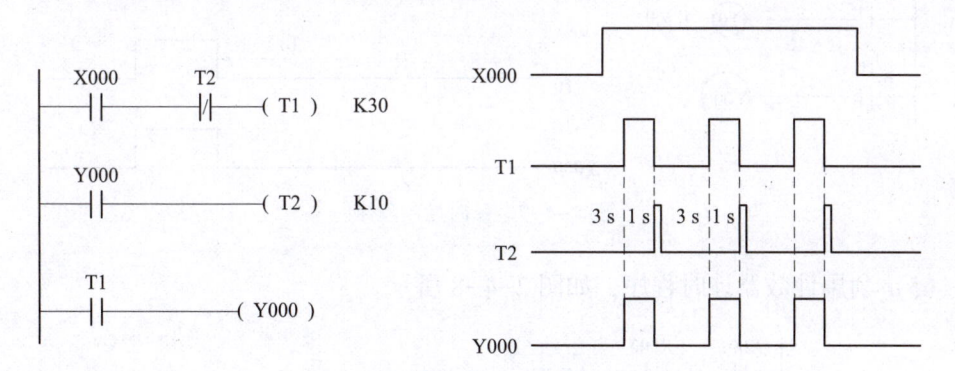

图 2-4-4　振荡电路

（2）产生单脉冲的程序，如图 2-4-5 所示。

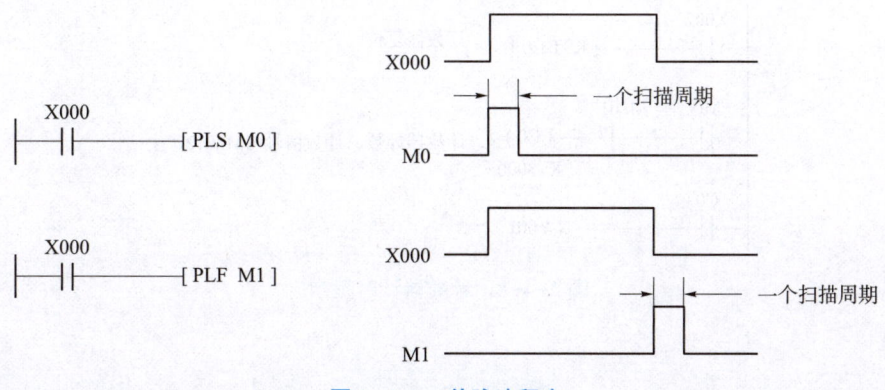

图 2-4-5　单脉冲程序

(3) 产生连续脉冲的基本程序，如图 2-4-6 所示。

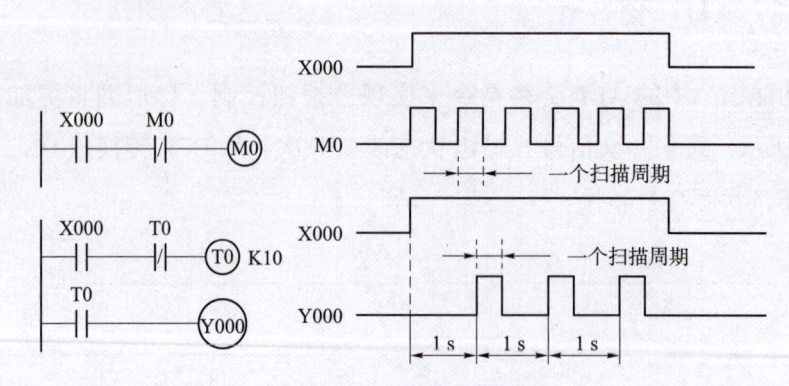

图 2-4-6 连续脉冲程序

(4) 接通延时控制程序，如图 2-4-7 所示。

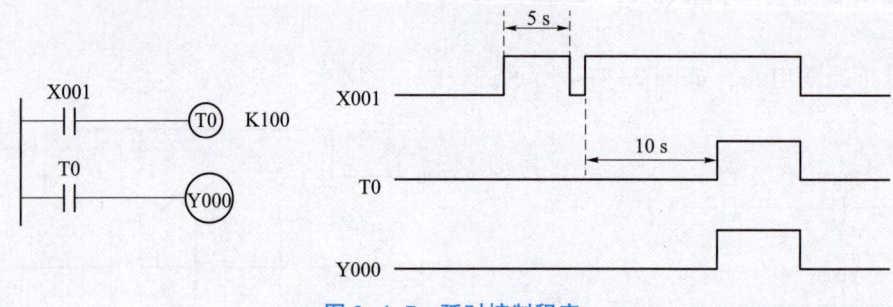

图 2-4-7 延时控制程序

(5) 利用计数器计时程序，如图 2-4-8 所示。

图 2-4-8 计数器计时程序

2.4.6 主控与主控复位指令

(1) MC 指令称为"主控指令",主要作用是产生一个"临时左母线",形成一个主控电路块;MCR 指令称为"主控复位指令",主要作用是取消"临时左母线",进而返回左母线,如图 2-4-9 所示。

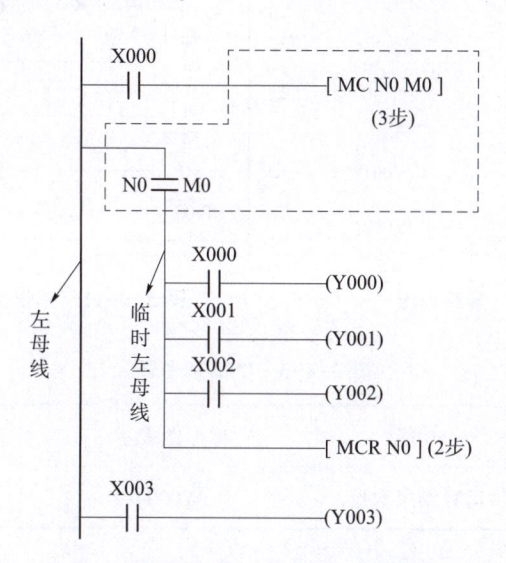

图 2-4-9 主控与主控复位指令应用

MC 指令与 MCR 指令必须成对出现,后面不跟任何操作数,使用嵌套次数 N0~N7 依次递进,主控返回时,一定要 N7~N0 依次递减。

(2) 规定主控触点(N0、M0)只能画在垂直方向,以示区别于水平方向画的普通触点。

(3) 图 2-4-9 中还对应列出 MC、MCR 的指令语句及步数。

(4) 如果要实现图 2-4-10 所示的多路输出,可使用 MC、MCR 指令,也可以使用堆栈指令。在使用 MC、MCR 指令时,容易出现如图 2-4-11 中的错误。主控触点(N0、M0)后面,形成临时左母线,既然也是一种母线,那么它与继电器之间不可以直接连接。

2.4.7 INV 指令

INV 指令是将 INV 指令执行之前的运算结果取反的指令,其功能、梯形图表示、所占程序步如表 2-4-3 所示,功能应用见图 2-4-12。

图 2-4-10 多路输出　　　　　图 2-4-11 错误示范

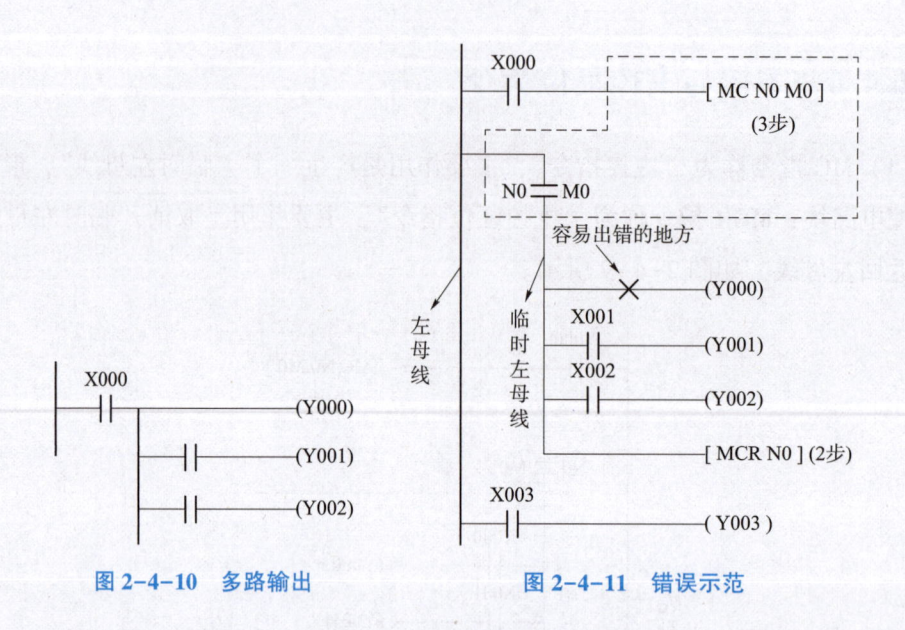

表 2-4-3 INV 指令表

符号（名称）	功能	梯形图表示	操作元件	程序步
INV（Inverse）取反	运算结果取反	（Y000）	无	1

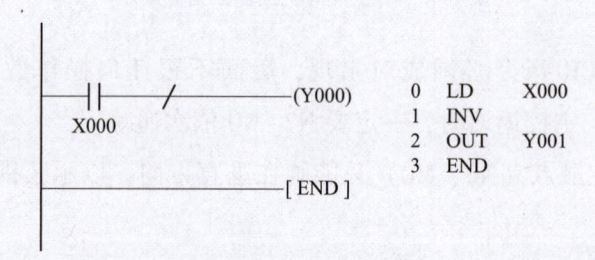

```
0  LD    X000
1  INV
2  OUT   Y001
3  END
```

图 2-4-12 INV 指令应用

2.4.8 NOP 指令

NOP 指令为空操作指令，使该步的操作为零。

【任务实施】

1. I/O 分配

根据任务分析，分配 I/O 地址，见表 2-4-4。

表 2-4-4 单按钮启停电路 I/O 分配表

输入信号			输出信号		
序号	PLC 输入点	信号名称	序号	PLC 输出点	信号名称
1	X000	启动、停止按钮 SB	1	Y000	电动机控制线圈 KM1

该系统的 I/O 接线图如图 2-4-13 所示。

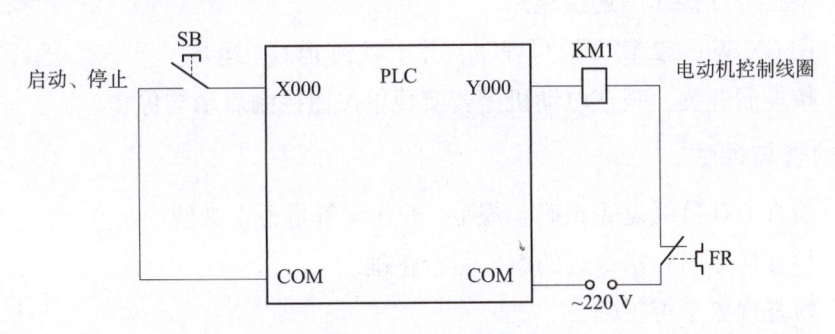

图 2-4-13 I/O 接线图

2. 系统程序梯形图与指令语言

1) 方案一

利用 PLS 实现单按钮控制电路，如图 2-4-14 所示。

2) 方案二

利用计数器实现单按钮控制电路，如图 2-4-15 所示。

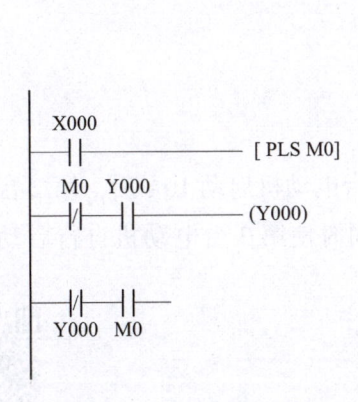

图 2-4-14 利用 PLS 实现
单按钮控制电路

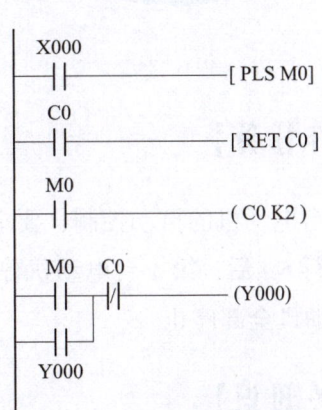

图 2-4-15 利用计数器实现
单按钮控制电路

X000 第一次 ON，M0 接通一个周期，C0 计数为 1，Y000 为 ON 且自锁，电动机启动并保持运行；X000 第二次 ON，M0 接通一个周期，C0 计数为 2，C0 触头动作。C0 常闭触头断开来，使 Y000 线圈失电为 OFF，电动机停止。下一个扫描周期 C0 常开的触点闭合，使计数为 0，等待下一次启动。

3）方案三

利用 ALT 交替功能指令，具体实施见本任务相关知识中的 ALT 交替指令内容。

3. 调试运行

（1）根据 I/O 接线图连接线路。

（2）用 GX Works2 软件编写程序，并下载到 PLC，运行。

（3）按控制开关，观察电动机是否实现单按钮控制启动与停止。

4. 检查与评估

（1）检查 I/O 接线是否正确、规范，I/O 设备是否正常使用。

（2）检查梯形图和指令表的编辑是否正确。

（3）检查现象是否正确。

【自主练习】

利用 PLS 指令实现两台电动机的顺序启动、同时停止控制。

任务 2.5　多台电动机自动控制

【工作任务】

设计三台电动机的自动控制，要求第 1 台电动机启动 10 s 后，第 2 台电动机自行启动，运行 5 s 后，第 1 台电动机停止并同时使第 3 台电动机自行启动，再运行 15 s 后，电动机全部停止。

【相关知识】

2.5.1　顺序功能图简介

1. 顺序功能图简介

顺序功能图（Sequence Function Chart，SFC）是 20 世纪 80 年代初由法国科技

人员根据 Petri 网理论提出的，是一种功能说明语言，已先后成为法、德的国家标准，IEC 于 1988 年公布了类似的标准（IEC848），我国于 1986 年颁布了功能表图的国标（GB 6988.6—1986）。

较复杂的控制系统，往往需要多个执行机构按照预先规定的流程自动有序地工作。如果直接用梯形图作程序设计，存在如下问题：

(1) 设计方法很难掌握，且设计周期长，需要很丰富的经验。

(2) 设计出的程序可读性差，装置投入运行后维护、修改困难。

若用 SFC 设计 PLC 程序，则可有效地解决上述问题，即使是初学者也能进行较复杂控制系统的设计，程序的设计、调试、修改和阅读也相对容易。

2. 顺序功能图的组成

顺序功能图设计的是一个自动有顺序工作的控制系统，即顺序控制。任何一个顺序控制过程都可分解为若干步骤，每一工步就是控制过程中的一个状态，所以顺序控制的动作流程图也称为状态转移图。顺序功能图主要由步、有向线段、转换条件和动作（驱动对象）组成，如图 2-5-1 所示。

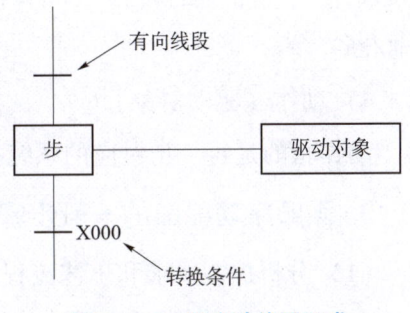

图 2-5-1 顺序功能图组成

1) 步

将系统的一个工作周期，按输出量的状态变化，划分为若干个顺序相连的阶段，每个阶段叫作步。与系统的初始状态对应的步叫"初始步"，用双线方框表示。当系统处于某一步时，该步处于活动状态，称该步处于"活动步"。步处于活动状态时，相应的动作被执行；处于不活动状态时，相应的非存储型动作停止执行。步用编程元件（如辅助存储器 M 和状态继电器 S）表示。FX3U 系列 PLC 的状态继电器的类别、编号、数量及功能如表 2-5-1 所示。

表 2-5-1 FX3U 系列 PLC 的状态继电器

类别	状态继电器编号	数量	功能说明
初始状态	S0~S9	10 点	用于 SFC 的初始状态
返回状态	S10~S19	10 点	用于返回原点状态
一般状态	S20~S499	480 点	用于 SFC 的中间状态
掉电保持状态	S500~S899	400 点	用于保持停电前状态
信号报警状态	S900~S999	100 点	用作报警元件

在用状态转移图编写程序时，状态继电器可以按顺序连续使用。但是状态继电器的编号要在指定的类别范围内选用；各状态继电器的触点可自由使用，使用次数无限制；在不用状态继电器进行状态转移图编程时，状态继电器可作为辅助继电器使用，其用法和辅助继电器相同。

2）有向线段

将各步对应的方框按活动顺序用有向线段连接起来。有向线段的方向代表了系统动作的顺序。顺序功能图中，按照从上到下、从左到右的方向，因此有向线段的箭头可以省略。

3）转换条件

活动步完成动作，转入下一步的转换条件，是本状态的结束信号，又是下一步的起始信号。常见的转换条件有按钮、行程开关、定时器和计数器触点的动作（通/断）等。

4）动作（驱动对象）

动作指的是每一步对应的系统执行动作，或者说工作内容。

3. 画顺序功能图的一般步骤

（1）分析控制要求和工艺流程，确定状态转移图结构（复杂系统需要）。

（2）将工艺流程分解为若干步，每一步表示一个稳定状态。

（3）确定步与步之间的转移条件及其关系。

（4）确定初始状态（可用输出或状态器）。

（5）解决循环及正常停车问题。

（6）急停信号的处理。

4. 顺序功能图的设计法举例

以工作台自动往复控制系统为例，画出它的顺序功能图。

工作台自动往复控制程序要求：正反转启动信号 SB0、SB1，停车信号 SB2，左右限位开关 SQ1、SQ2，左右极限保护开关 SQ3、SQ4，输出信号 Y000、Y001。其工作示意图如图 2-5-2 所示。

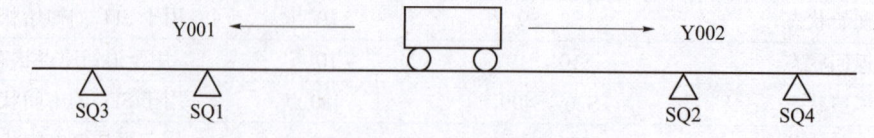

图 2-5-2　工作台自动往复控制系统

设计该系统顺序功能图,如图 2-5-3 所示。

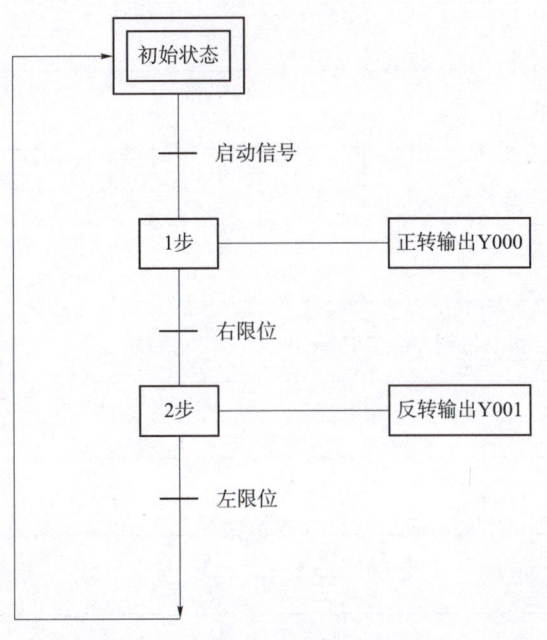

图 2-5-3　工作台自动往复顺序功能图

2.5.2　步进顺序控制指令

控制系统的每一个状态都有一个控制元件来控制该状态是否动作,保证在顺序控制过程中生产过程有秩序地按步进行,所以顺序控制也称为步进控制。FX 系列 PLC 提供了一对步进指令,见表 2-5-2。其中,STL 指令称为"步进接点"指令,其功能是将步进接点接到左母线,对应的操作元件是状态继电器 S;RET 指令称为"步进返回"指令,其功能是使临时左母线回原来左母线的位置,没有对应的操作元件。

表 2-5-2　步进指令表

符号(名称)	功能	梯形图表示	程序步
STL(步进接点)	步进开始	—[SET S0]	1
RET(步进返回)	步进结束	—[RET]	1

当利用 SET 指令将状态继电器置"1"时,步进接点闭合。此时,顺序控制就进入该步进接点所控制的状态。当转移条件满足时,利用 SET 指令将下一个状态控制元件(即状态继电器)置"1"后,上一个状态继电器(上一工步)自动复位,而不必采用 RST 指令复位。用梯形图表示如图 2-5-4 所示。

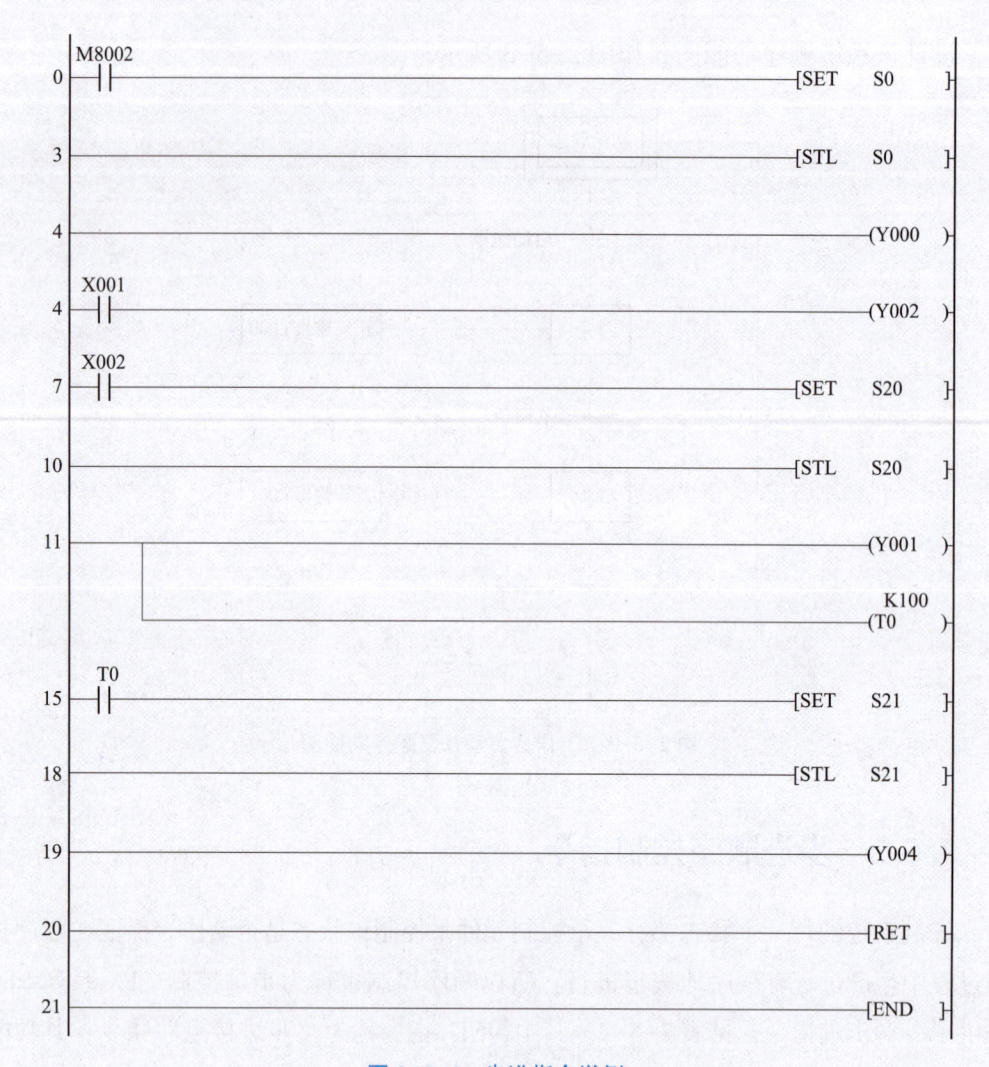

```
 0 ──M8002──────────────────────────[SET  S0 ]

 3 ────────────────────────────────[STL  S0 ]

 4 ────────────────────────────────(Y000)

 4 ──X001───────────────────────────(Y002)

 7 ──X002──────────────────────────[SET  S20]

10 ────────────────────────────────[STL  S20]

11 ────┬────────────────────────────(Y001)
      │                              K100
      └────────────────────────────(T0)

15 ──T0───────────────────────────[SET  S21]

18 ────────────────────────────────[STL  S21]

19 ────────────────────────────────(Y004)

20 ────────────────────────────────[RET]

21 ────────────────────────────────[END]
```

图 2-5-4　步进指令举例

步进接点只有常开触点，没有常闭触点。步进接通需要 SET 指令进行置"1"，步进接点闭合，将左母线移动到临时左母线，与临时左母线相连的触点用 LD、LDI 指令。在每条步进指令后不必都加一条 RET 指令，只需在连续的一系列步进指令的最后一条的临时左母线后接一条 RET 指令返回原左母线，且必须有这条指令。

注意：

（1）步进接点与左母线相连时，具有主控和跳转作用。

（2）状态继电器 S 只有在使用 SET 指令以后才具有步进控制功能，提供步进接点。

（3）在状态转移图中，会出现在一个扫描周期内两个或两个以上状态同时动作的可能，因此相邻的步进接点必须有联锁措施。

（4）状态继电器在状态转移图中可以按编号顺序使用，也可以任意使用，但建议按顺序使用。

(5) 状态继电器可用作辅助继电器，与辅助继电器 M 用法相同。

(6) 步进接点后的电路中不允许使用 MC/MCR 指令。

(7) 在状态内，不能从 STL 临时左母线位置直接使用 MPS/MRD/MPP 指令。

2.5.3 顺序功能图结构类型

1. 单流程结构

控制流程从头到尾只有一条路可走，称为单流程结构，如图 2-5-5 所示。

2. 选择分支与汇合流程结构

若控制流程有多条路径，但只能选择其中一条路径来执行，则这种分支方式称为选择分支。如图 2-5-6 所示，图中 X001、X002 同时只能有一个为 ON。分支、汇合处的转换条件应该标在分支上。

3. 并进分支与汇合流程

若控制流程有多条路径，且必须同时执行，则这种分支方式称为并进分支。在各条路径都执行后，才会继续向下执行指令，像这种有等待功能的方式称为并进汇合，如图 2-5-7 所示。为了表示几个分支的同步执行，水平连线用双线表示。

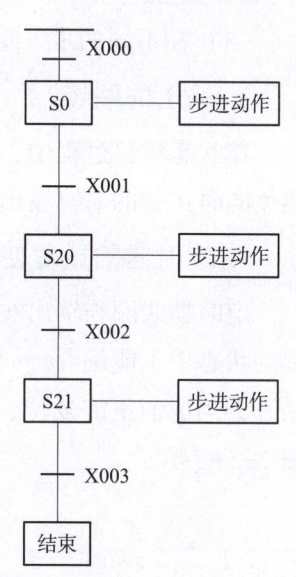

图 2-5-5　单流程结构

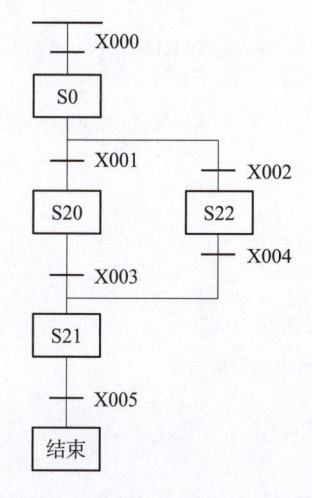

图 2-5-6　选择分支与汇合流程结构

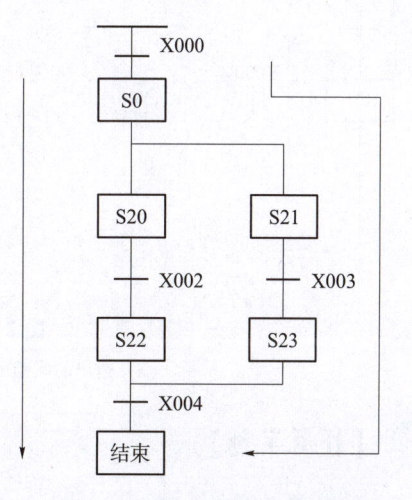

图 2-5-7　并进分支与汇合流程结构

转换条件应该标注在双线之外，并只允许有一个条件。

2.5.4　STL 编程与动作、步进梯形图

1. 状态的动作与输出的重复使用

（1）状态的地址号不能重复使用。

（2）如果 STL 触点接通，则与其相连的电路动作；如果 STL 触点断开，则与其相连的电路停止动作。

（3）在不同的步之间可给同一软元件编程。

2. 输出的联锁

在状态转移过程中，仅在瞬间（一个扫描周期）两种状态同时接通，因此为了避免同时接通的一对输出同时接通，需要设置联锁，如图 2-5-8 所示。

3. 定时器的重复使用

定时器线圈与输出线圈一样，也可对在不同状态的同一软元件编程，但是在相邻的状态中不能编程。如果在相邻的状态下编程，则步进状态转移时定时器线圈不断开，当前值不能复位，如果不是相邻的两个状态则可以使用同一个定时器，如图 2-5-8 所示。

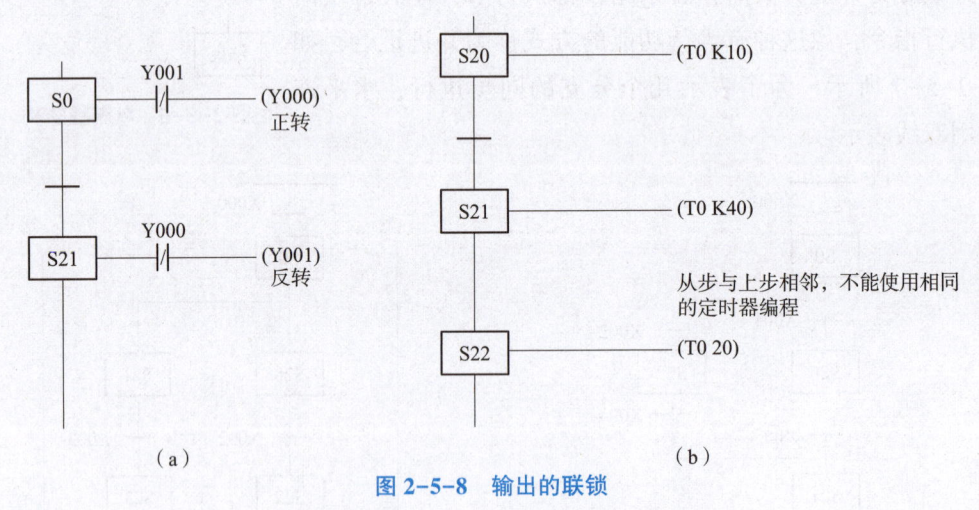

图 2-5-8　输出的联锁

（a）输出的联锁程序；（b）定时器相邻时不能编程

【任务实施】

1. I/O 分配

根据系统要求，I/O 分配如表 2-5-3 所示。

表 2-5-3　多台电动机自动控制 I/O 分配表

输入信号			输出信号		
序号	PLC 输入点	信号名称	序号	PLC 输出点	信号名称
1	X000	启动按钮 SB1	1	Y000	第一台电动机控制线圈 KM1
			2	Y001	第二台电动机控制线圈 KM2
			3	Y002	第三台电动机控制线圈 KM3

该系统的 I/O 接线图如图 2-5-9 所示。

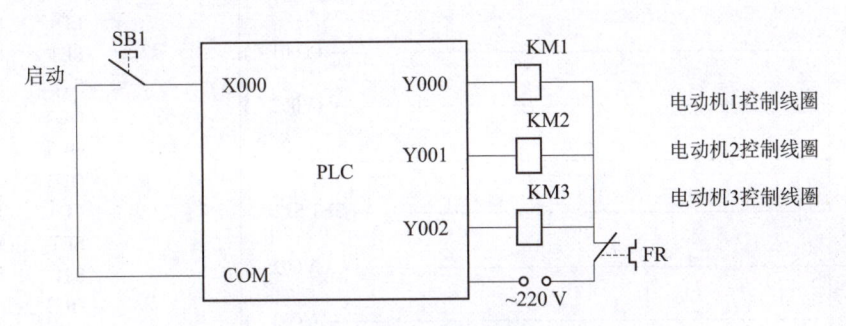

图 2-5-9　多台电动机自动控制系统 I/O 接线图

2. 画顺序功能图

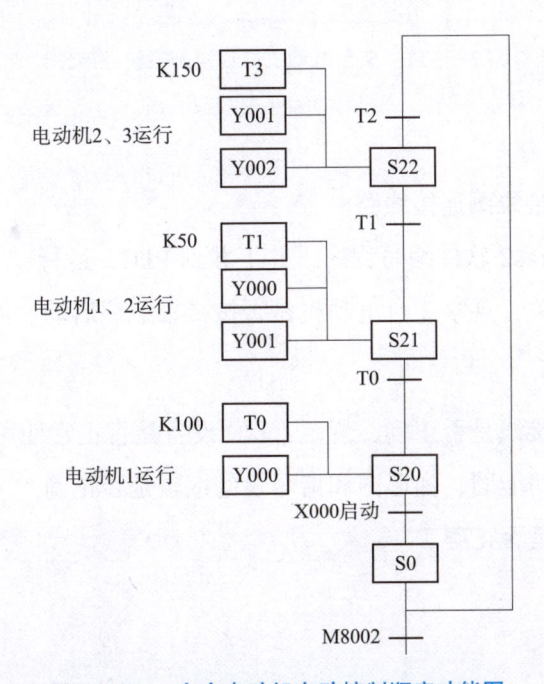

顺序功能图如图 2-5-10 所示。

图 2-5-10　多台电动机自动控制顺序功能图

3. 系统程序梯形图与指令语言

系统程序梯形图与指令语言如图 2-5-11 所示。

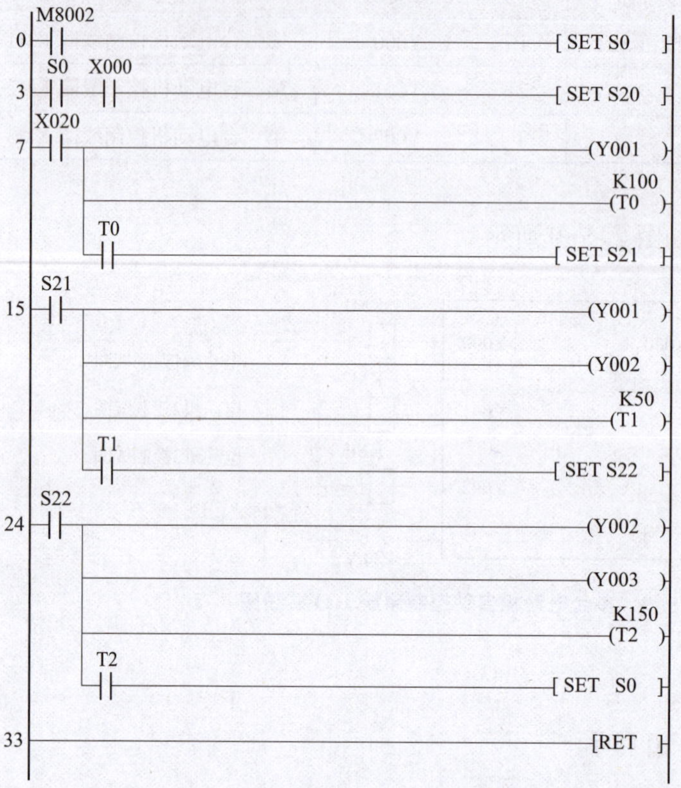

```
    M8002
0   ├─┤ ├──────────────────────────[ SET  S0  ]
     S0   X000
3   ├─┤ ├──┤ ├───────────────────[ SET  S20 ]
     X020
7   ├─┤ ├───────────────────────────( Y001 )
                                       K100
                                     ( T0  )
     T0
    ├─┤ ├───────────────────────────[ SET  S21 ]
     S21
15  ├─┤ ├───────────────────────────( Y001 )
                                     ( Y002 )
                                       K50
                                     ( T1  )
     T1
    ├─┤ ├───────────────────────────[ SET  S22 ]
     S22
24  ├─┤ ├───────────────────────────( Y002 )
                                     ( Y003 )
                                       K150
                                     ( T2  )
     T2
    ├─┤ ├───────────────────────────[ SET  S0  ]
33                                  [ RET ]
```

LD	M8002
SET	S0
STL	S0
LD	X000
SET	S20
STL	S20
OUT	Y001
OUT	T0 K100
LD	T0
SET	S21
STL	S21
OUT	Y001
OUT	Y002
OUT	T1 K50
LD	T1
SET	S22
STL	S22
OUT	Y002
OUT	Y003
OUT	T2 K150
LD	T2
SET	S0
RET	

图 2-5-11 多台电动机自动控制系统程序设计

4. 调试运行

（1）根据 I/O 接线图连接线路。

（2）用 GX Works2 软件编写程序，并下载到 PLC，运行。

（3）按启动开关，观察三台电动机是否按要求顺序启动、停止。

5. 检查与评估

（1）检查 I/O 接线是否正确、规范，I/O 设备是否正常使用。

（2）检查顺序功能图、梯形图和指令表的编辑是否正确。

（3）检查现象是否正确。

【自主练习】

1. 交通灯控制

十字路口交通灯控制,东西向指示灯三盏,为红灯、绿灯、黄灯,南北向指示灯三盏,为红灯、绿灯、黄灯,示意图如图 2-5-12 所示。

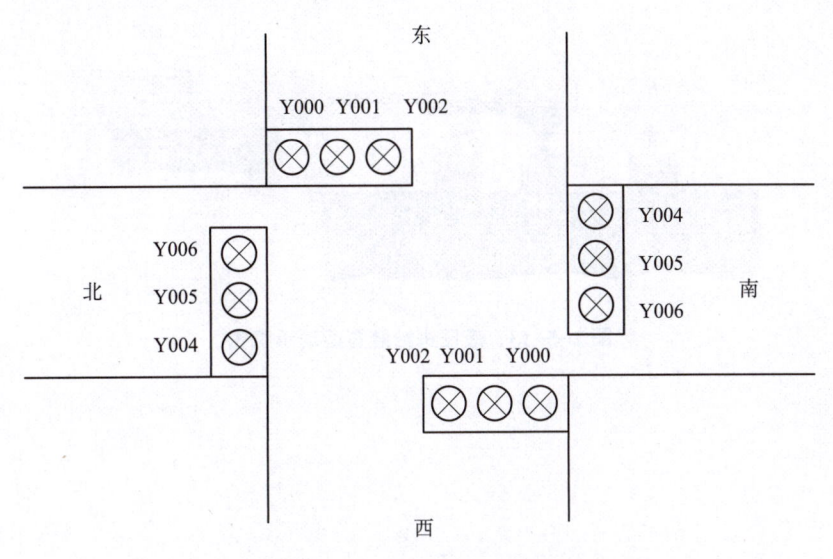

图 2-5-12 交通灯控制示意图

(1) 按下启动按钮,交通灯系统开始工作,按下停止按钮,系统停止工作,所有信号灯熄灭。

(2) 南北红绿灯和东西红绿灯指示如表 2-5-4 所示。

表 2-5-4 红绿灯亮灭时间指示表

东西	信号	绿灯亮	绿灯闪亮	黄灯亮	红灯亮		
	时间/s	25	3	2	30		
南北	信号	红灯亮			绿灯亮	绿灯闪亮	黄灯亮
	时间/s	30			25	3	2

2. 液压进给装置运动控制

液压进给装置如图 2-5-13 所示,其顺序动作要求:

(1) 初始状态:活塞杆置右端,开关 X2 为 ON;

(2) 按下启动按钮 X3,Y0 为 ON,左行;

PLC原理及应用

(3) 碰到限位开关 X1 时，Y1 为 ON，右行；

(4) 碰到限位开关 X2 时，Y0 为 ON，左行；

(5) 碰到限位开关 X0 时，Y1 为 ON，右行；

(6) 碰到限位开关 X2 时，停止。

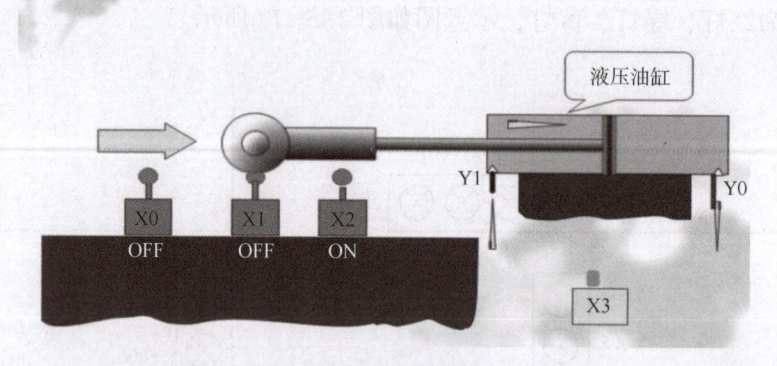

图 2-5-13　液压进给装置运动示意图

项目 3　自动化生产线控制系统设计

学习情境

本单元进入深入学习 PLC 阶段。通过对单元中 4 个相互独立又相互关联的自动化生产线项目的依次学习，掌握常用的 PLC 功能指令的使用方法与 PLC 控制系统设计与编程方法，并初步学习 FX 系列 PLC 的 N∶N 网络通信设置方法。

一、教学目的

1. 掌握 PLC 控制系统设计的基本原则、步骤与方法；
2. 了解 PLC 应用中硬件设置和软件设计；
3. 掌握定位、触点比较、程序流程、循环移位等功能指令的使用方法；
4. 熟悉 PLC 选型与资源配置；
5. 了解 PLC 通信指令与通信协议、N∶N 网络设置方法；
6. 引导学生做到心平气和、善良有礼、守信用；
7. 鼓励学生自觉服从规章制度。

二、教学内容

1. PLC 控制系统设计的内容与步骤；
2. PLC 的硬件设置；
3. PLC 的软件设计、功能指令的用法；
4. PLC 在机械手控制系统中的应用；
5. 运料小车控制系统设计；
6. 材料分拣控制系统设计；

7. 自动化生产线多站通信控制系统设计。

三、教学重点

1. 功能指令的应用；
2. PLC 控制系统设计的步骤、内容和方法。

四、教学难点

1. PLC 控制系统设计方法；
2. PLC 通信指令与通信协议。

任务 3.1　机械手控制系统设计

【工作任务】

机械手控制系统设计

1. 机械手的结构

如图 3-1-1 所示，一台机械手完成把圆柱形工件从工作台 A 抓取后搬运到小车 B 上的任务。该机械手装置能实现三自由度运动，即升降、伸缩、气动手指夹紧/松开和沿垂直轴旋转的四维运动。在水平方向可以做伸缩移动，在垂直方向可以做升降移动，在旋转方向可以做左转与右转动作。

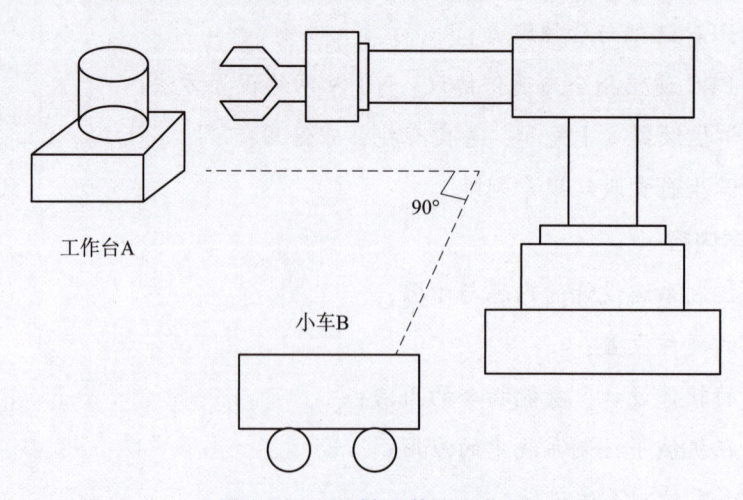

图 3-1-1　机械手装置示意图

机械手升降、伸缩的执行机构均采用单向电磁阀推动气缸来完成。当电磁阀线圈得电时执行相应上升、伸出动作，线圈断电时执行相应下降、缩回、右转动作。机械手夹紧/松开、左转/右转的执行机构采用双向电磁阀推动气缸来完成。以机械手夹紧/松开动作为例，当某一线圈得电，机械手手爪将处于夹紧状态，直到相反线圈得电，机械手手爪才会处于松开状态。机械手不同位置安装6个磁性开关传感器，分别用于机械手夹紧松开、伸出缩回、上升下降、左右旋转动作到位检测。

2. 机械手的控制要求

（1）按下启动按钮后，机械手系统进入工作状态。完成从工作台 A 抓取工件→旋转→在小车 B 上放下工件周期动作。

（2）抓取工件顺序：手臂伸出→手爪夹紧抓取工件→提升台上升→手臂缩回。

（3）机械手向左旋转：机械手手臂缩回后，摆台逆时针旋转 90°。

（4）放下工件顺序：手臂伸出→提升台下降→手爪松开放下工件→手臂缩回。

（5）机械手向右旋转：机械手手臂缩回后，摆台顺时针旋转 90°。

（6）当抓取机械手装置返回原点后，一个测试周期结束。再按一次启动按钮开始新一轮的周期运行。

（7）系统具有暂停功能。

【相关知识】

3.1.1　PLC 控制系统设计的基本原则、主要内容与基本步骤

1. PLC 控制系统设计的基本原则

任何一种控制系统都是为了实现被控对象的工艺要求，以提高生产效率和产品质量。因此，在设计 PLC 控制系统时，应遵循以下基本原则。

（1）最大限度地满足被控对象的控制要求。充分发挥 PLC 的功能，最大限度地满足被控对象的控制要求，是设计 PLC 控制系统的首要前提，这也是设计中最重要的一条原则。这就要求设计人员在设计前就要深入现场进行调查研究，收集控制现场的资料，收集相关先进的国内、国外资料。同时要注意和现场的工程管理人员、工程技术人员、现场操作人员紧密配合，拟定控制方案，共同解决设计中的重点问题和疑难问题。

（2）保证 PLC 控制系统安全可靠。保证 PLC 控制系统能够长期安全、可靠、稳定运行，是设计控制系统的重要原则。这就要求设计者在系统设计、元器件选择、软件编程上要全面考虑，以确保控制系统安全可靠。例如，应该保证 PLC 程序不仅在正常条件下运行，而且在非正常情况下（如突然掉电再上电、按钮按错等）也能正常工作。

（3）力求简单、经济、使用及维修方便。一个新的控制工程固然能提高产品的质量和增加产品数量，带来巨大的经济效益和社会效益，但新工程的投入、技术的培训、设备的维护也将导致运行资金的增加。因此，在满足控制要求的前提下，一方面要注意不断地扩大工程的效益，另一方面也要注意不断地降低工程的成本。这就要求设计者不仅应该使控制系统简单、经济，而且要使控制系统的使用和维护方便、成本低，不宜盲目追求自动化和高指标。

（4）适应发展的需要。由于技术的不断发展，控制系统的要求也将会不断提高，设计时要适当考虑到今后控制系统发展和完善的需要。这就要求在选择 PLC、输入/输出模块、I/O 点数和内存容量时，要适当留有余量，以满足今后生产的发展和工艺的改进。

2. PLC 控制系统设计的主要内容

PLC 控制系统是由 PLC 与用户输入、输出设备连接而成的，用以完成预期的控制目的与相应的控制要求。因此，PLC 控制系统设计的基本内容应包括以下几个方面：

（1）根据生产设备或生产过程的工艺要求，以及所提出的各项控制指标与经济预算，首先进行系统的总体设计。

（2）根据控制要求基本确定 I/O 点数和模拟量通道数，进行 I/O 点初步分配，绘制 I/O 接线图。

（3）进行 PLC 系统配置设计，主要为 PLC 的选择。PLC 是 PLC 控制系统的核心部件，正确选择 PLC 对于保证整个控制系统的技术经济性能指标起着重要的作用。选择 PLC 应包括机型的选择、容量的选择、I/O 模块的选择、电源模块的选择等。

（4）选择用户输入设备（按钮、操作开关、限位开关、传感器等）、输出设备（继电器、接触器、信号灯等执行元件）以及由输出设备驱动的控制对象（电动机、电磁阀等）。这些设备属于一般的电气元件，其选择的方法在其他有关书籍中已有介绍。

（5）设计控制程序。在深入了解与掌握控制要求、主要控制的基本方式以及完成的动作、自动工作循环的组成、必要的保护和联锁等方面情况之后，对较复杂的控制系统，可用状态流程图形式全面表达出来。必要时还可将控制任务分成几个独立部分，这样可化繁为简，有利于编程和调试。程序设计主要包括绘制控制系统流程图、编制语句表与程序清单。

控制程序是控制整个系统工作的条件，是保证系统工作正常、安全、可靠的关键。因此，控制系统的设计必须经过反复调试、修改，直到满足要求为止。

3. PLC控制系统设计的基本步骤

（1）分析被控对象并提出控制要求。详细分析被控对象的工艺过程及工作特点，了解被控对象机、电、液之间的配合，提出被控对象对PLC控制系统的控制要求，确定控制方案，拟定设计任务书。

（2）确定输入/输出设备。根据系统的控制要求，确定系统所需的全部输入设备（如按钮、位置开关、转换开关及各种传感器等）和输出设备（如接触器、电磁阀、信号指示灯及其他执行器等），从而确定与PLC有关的输入/输出设备，以确定PLC的I/O点数。

（3）选择PLC。PLC选择包括对PLC的机型、容量、I/O模块、电源等的选择。在选机型时，应保证I/O点数有15%~20%的余量。

（4）分配I/O点并设计PLC外围硬件线路。

（5）程序设计与调试。程序设计可用经验设计法或顺序控制设计法，或是两者的组合。

经验设计法：依据继电器控制线路原理图翻译成梯形图，用于对现有的继电器控制系统进行技术改造时比较方便。

顺序控制设计法：用顺序控制设计法可编制出可读性很强的程序，且可减少编程时间。

通常情况下某些复杂系统中，程序一般分为公共程序、手动程序和自动程序。通常公共程序和手动程序相对较为简单，可采用经验设计法设计；而自动程序往往可以循环工作，多用顺序控制设计法设计较为方便。

总之，程序设计方法要根据具体情况选择相应的设计方法，不要拘泥于某一种设计方法，要灵活运用。

（6）总装调试。接好硬件线路，把程序输入PLC中，联机调试。

(7) 整理和编写技术文件。技术文件包括设计说明书、硬件原理图、安装接线图、电气元件明细表、PLC 程序以及使用说明书等。

3.1.2 功能指令的格式表示与执行形式

在 FX3U 系列 PLC 中，功能指令由功能编号 FNC00~FNC305 指定，每条指令中有助记符（表示其内容）。功能指令的通用格式如图 3-1-2 所示。

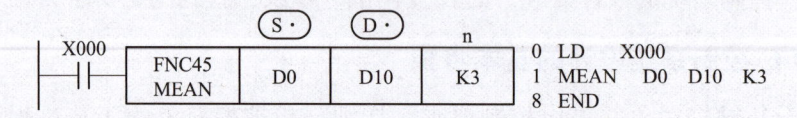

```
        (S·)  (D·)    n
X000  ┌─────┬────┬────┬────┐   0  LD    X000
──┤├──┤FNC45│ D0 │ D10│ K3 │   1  MEAN  D0  D10  K3
      │MEAN │    │    │    │   8  END
      └─────┴────┴────┴────┘
```

图 3-1-2 功能指令的通用格式

图 3-1-2 所示功能指令含义：当执行条件 X000 闭合时，将 3 点源数据（即 D0，D1，D2）的平均值存入目标地址 D10 中。即 $\frac{(D0)+(D1)+(D2)}{3} \rightarrow (D10)$。

1. 功能编号与助记符

每条功能指令都具有各自唯一指定的功能编号（FNC00~FNC305）。功能指令的助记符是指令的英文名字或缩写，直接表示本指令要做什么。

2. 操作数

大多数功能指令与 1~4 个操作数组合使用，但也有某些功能指令仅使用功能编号。

(1) [S] 表示源操作数，其内容不随指令执行而变化。在利用变址修改软元件编号的情况下，用 [S.] 表示。源的数量多时，以 [S1]、[S2] 等表示。

(2) [D] 表示目标操作数，其内容随执行指令改变。同样，可以做变址修改，在目标数量多时，以 [D1]、[D2] 表示。

(3) [m]、[n] 表示源操作数与目标操作数以外的操作数，多用来表示常数 K（十进制）和 H（十六进制）。这样的操作数数量多时，以 [m1]、[n1]、[m2]、[n2] 表示。

3. 操作数的可用软元件

(1) 位元件 X、Y、M、S。

(2) 位元件组合 KnX、KnY、KnM、KnS。

(3) 数据寄存器 D、定时器 T、计数器 C 的当前值寄存器，以及变址寄存器 V、

Z 等字元件。

（4）常数 K、H。

4. 数据长度与执行形式

功能指令按处理数值的大小，分为 16 位指令和 32 位指令。其中 32 位指令助记符前加 D，如图 3-1-3 所示。

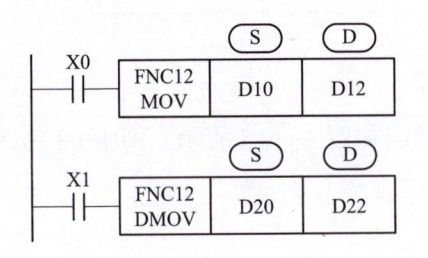

图 3-1-3　数据长度

此外，功能指令的执行形式有脉冲执行型和连续执行型两种，如图 3-1-4 所示。

图 3-1-4　功能指令执行形式
（a）脉冲执行型；（b）连续执行型

图 3-1-4（a）为脉冲执行型命令，用符号 P 表示。脉冲执行型指令在执行条件满足时执行一次。即当 X000 从 OFF→ON 变化时，执行一次，其他时刻不执行。

图 3-1-4（b）为连续执行型命令，当 X001 闭合时，在各个扫描周期都执行。

在某些场合，不需要每个扫描周期都执行功能指令时，可采用脉冲执行型指令，可加快指令处理时间。

3.1.3　程序流程类指令

FX 系列 PLC 中的程序流程类指令包括 CJ、CALL、SRET、FEND 等。

1. 条件跳转指令 CJ

1）条件跳转指令格式

CJ 指令的助记符、功能编号、操作数如表 3-1-1 所示。

表 3-1-1 条件跳转指令的格式

指令名称	助记符	功能编号	操作数 [D.]
条件跳转	CJ CJ(P)	FNC00 （16位）	• 指针编号范围 P0~P127 • P63 为 END，不能标记 • 指针编号可做变址修改

2）条件跳转指令说明

条件跳转指令 CJ 在程序中的应用情况如图 3-1-5 所示。图中 P8 为跳转指令对应的跳转指针，其中"8"为标号。

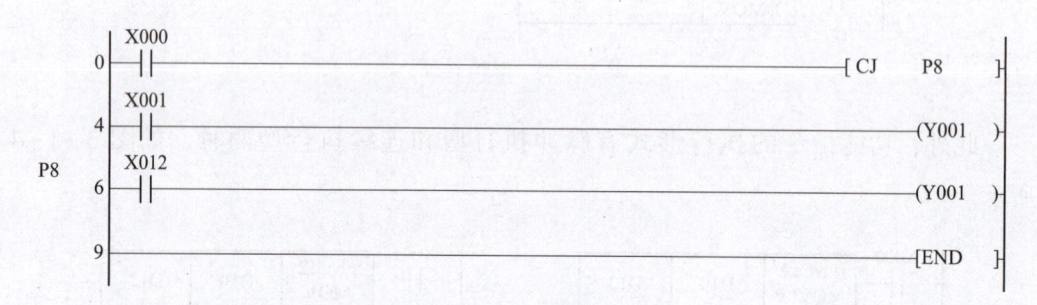

```
 0 ─X000────────────────────[CJ  P8]
 4 ─X001────────────────────(Y001)
P8
 6 ─X012────────────────────(Y001)
 9 ────────────────────────[END]
```

图 3-1-5　CJ 指令的应用

跳转指令有 CJ、CJ(P)，可用于缩短程序运算周期及使用双线圈。在满足执行条件的各个扫描周期内，CJ 指令将使 PLC 跳到以跳转指针为入口的程序段中执行，而不再扫描执行跳转指令与跳转指针之间的程序。执行条件不满足时，跳转执行结束。

在图 3-1-5 示例中，当 X000=ON 时，程序从 0 步跳到 6 步（标记 P8 的后一步），执行 P8 后的程序段。当 X000=OFF 时，程序不进行跳转，从 0 步向 5 步移动，不执行跳转指令。

说明：

（1）跳转指令具有选择程序段的功能，因此在同一程序中由于跳转的存在使得同一线圈不会同时被执行时，不视为双线圈处理。

（2）对初学者来讲，多条跳转指令最好不要使用同一标号。

（3）跳转指针标号多设在相关的跳转指针之后。

（4）CJ 指令执行期间，普通定时器与计数器停止工作，当跳转执行条件不满足时继续工作。但 T192~T199，C235~C255 则不受跳转指令影响，继续工作。

（5）若用常开点 M8000 做 CJ 指令的跳转执行条件，则条件跳转变为无条件跳转。

3）CJ 指令应用

【例 3-1-1】利用 CJ 指令实现两段程序间的切换。

【解】如图 3-1-6 所示为实现两段程序相互切换的梯形图。当 X000＝ON 时，程序跳过程序 1，直接执行程序 2 指令；当 X000＝OFF 时，则执行程序 1 指令。另：P63 为 END，无须在 13 步标号。

```
       X000
 0    ─┤├─────────────────────────────[ CJ    P63 ]
       X000
 4    ─┤├─────────────────────────────[ CJ    P5  ]
P5
 8    ─────────────────────────────────[ STL   S0  ]
10    ─────────────────────────────────[ STL   S0  ]
11                                              [END]
```

图 3-1-6　CJ 指令实现两段程序间的切换

【例 3-1-2】利用 CJ 指令实现暂停功能。

【解】如图 3-1-7 所示，X001 为启动按钮，X002 为暂停按钮。当 X001＝ON 时，程序按预定动作执行，Y001 输出，50 s 后 Y001 停止输出；若在 50 s 内，X002＝ON，则程序将越过步 6 与步 12，直接跳转到标号 P0 处，由于步 14 是一个空步，所以实现了暂停功能。直到 X002＝OFF 时，T10 继续工作，暂停结束。

```
       X001
 0    ─┤├─────────────────────────────[ SEL   M20 ]
       X002
 2    ─┤├─────────────────────────────[ CJ    P0  ]
       M20
 6    ─┤├─────────────────────────────[ SEL   Y001]
       M20                                    K500
 8    ─┤├─────────────────────────────(T10       )
       T10
12    ─┤├─────────────────────────────[ RST   Y001]
P0
14
15                                              [END]
```

图 3-1-7　CJ 指令实现暂停功能

2. 子程序调用指令 CALL 与子程序返回指令 SRET

CALL 与 SRET 指令的助记符、功能编号、操作数如表 3-1-2 所示。

表 3-1-2　子程序调用与返回指令的格式

指令名称	助记符	功能编号	操作数 [D]
子程序调用	CALL CALL(P)	FNC01 （16位）	指针编号范围 P0~P62，P0~P127；P63 为 END，通常使用指针编号做变址修改，嵌套 5 层
子程序返回	SRET	FNC02	无

当主程序相对复杂或指令较多时，可将某些为实现特定控制目的而编写的且相对独立的程序设为子程序，使得主程序简洁且可读性强。为区别主程序，一般在程序编写顺序上，按主程序在前，子程序在后的顺序，并以主程序结束指令 FEND 为分隔语句。

CALL 与 SRET 指令的具体应用如图 3-1-8 所示。

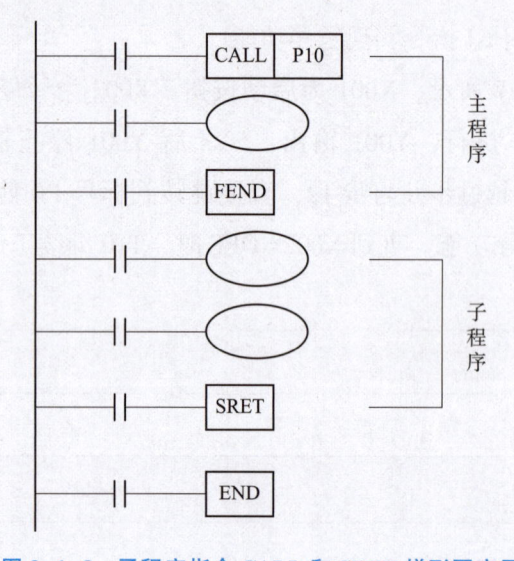

图 3-1-8　子程序指令 CALL 和 SRET 梯形图应用

当子程序调用执行条件 X000=ON 时，将执行 CALL 指令并跳转到标记 P10 处。当子程序执行完毕后，通过 SRET 指令返回到主程序中调用处。注意同一程序中，CALL 指令与 CJ 指令的指针标记不要重复。在子程序中，可采用 T192~T199 或 T246~T249 作定时器。

3. 主程序结束指令 FEND

FEND 指令的助记符、功能编号、操作数如表 3-1-3 所示。

表 3-1-3　主程序结束指令的格式

指令名称	助记符	功能编号	操作数 [D]
主程序结束	FEND	FNC06	无

FEND 指令用于表示主程序结束，执行该语句时，PLC 输出、输入、定时器刷新都将执行，并向程序起始步返回。注意，子程序应在 FEND 之后，END 之前；CALL 指令若在 FEND 后，要有 SRET 指令。

【任务实施】

1. I/O 分配

根据控制要求，机械手控制系统共有 9 个输入信号，6 个输出信号。其中输入信号包括来自按钮/指示灯模块的按钮、开关等主令信号，各构件的传感器信号等；输出信号主要是输出到抓取机械手装置各电磁阀的控制信号。

基于上述考虑，可选用三菱 FX3U-48MR PLC，电源为 AC 220 V，共 12 点输入，12 点继电器输出。表 3-1-4 给出了系统的 PLC 的 I/O 分配表，表中各种检测传感器均为磁性开关。系统 I/O 接线原理图如图 3-1-9 所示。

表 3-1-4　机械手控制系统 I/O 分配表

输入信号			输出信号		
输入		功能说明	输出		功能说明
SP1	X000	机械手下降到位检测	YV1	Y000	机械手上升电磁阀
SP2	X001	机械手上升到位检测	YV2	Y001	机械手左转电磁阀
SP3	X002	机械手左转到位检测	YV3	Y002	机械手右转电磁阀
SP4	X003	机械手右转到位检测	YV4	Y003	机械手伸出电磁阀
SP5	X004	机械手伸出到位检测	YV5	Y004	机械手夹紧电磁阀
SP6	X005	机械手缩回到位检测	YV6	Y005	机械手放松电磁阀
SP7	X006	机械手夹紧到位检测			
SB1	X010	启动按钮			
SB2	X011	暂停按钮			

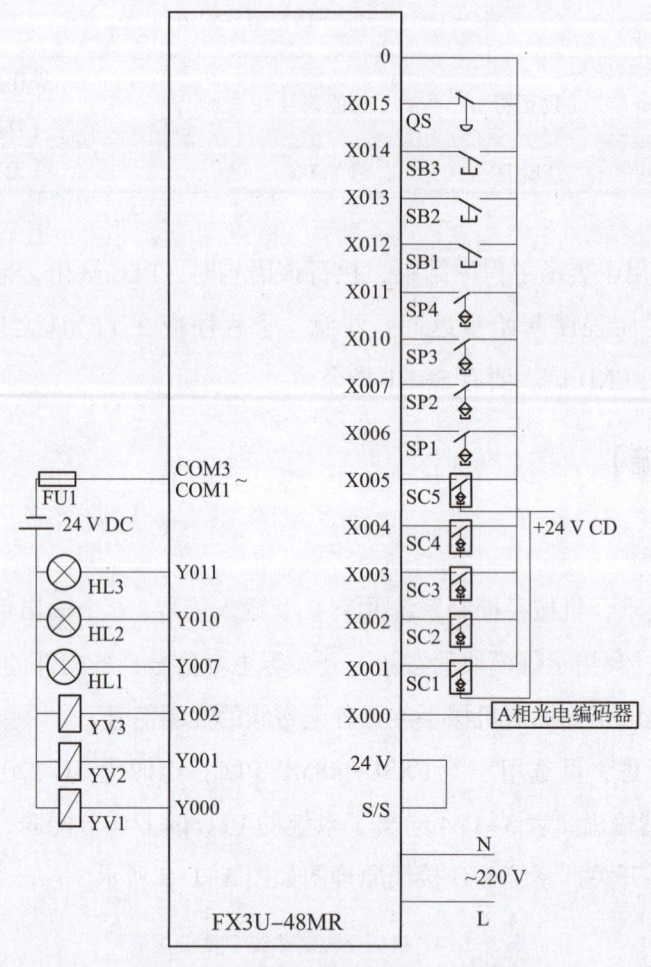

图 3-1-9　机械手控制系统 I/O 接线图

2. 程序设计

（1）编程思路。根据对控制要求的分析，可采用经验法与顺序控制法相结合设计程序。机械手系统启动、暂停部分采用经验法编写，机械手抓取工件、旋转、放下工件部分采用顺序控制法设计。其中暂停部分可运用 CJ 跳转指令实现。

（2）顺序功能图，如图 3-1-10 所示。

（3）梯形图。机械手系统梯形图如图 3-1-11、图 3-1-12 所示，整个系统梯形图层次较为清晰。图 3-1-11 中，PLC 上电瞬间将 S0～S28 区间所有的状态继电器全部清零。图 3-1-11 中，当按下启动按钮 X010 时，系统按指定顺序动作工作：抓取工件→左转→放下工件→右转。机械手的各个动作均由电磁阀驱动相应气缸完成指定动作，其中伸缩、升降 4 个动作是由 2 个单向电磁阀控制，如 Y003＝ON 时，伸缩电磁阀线圈得电，机械手做伸出动作，当 Y003＝OFF 时，伸缩电磁阀线圈失

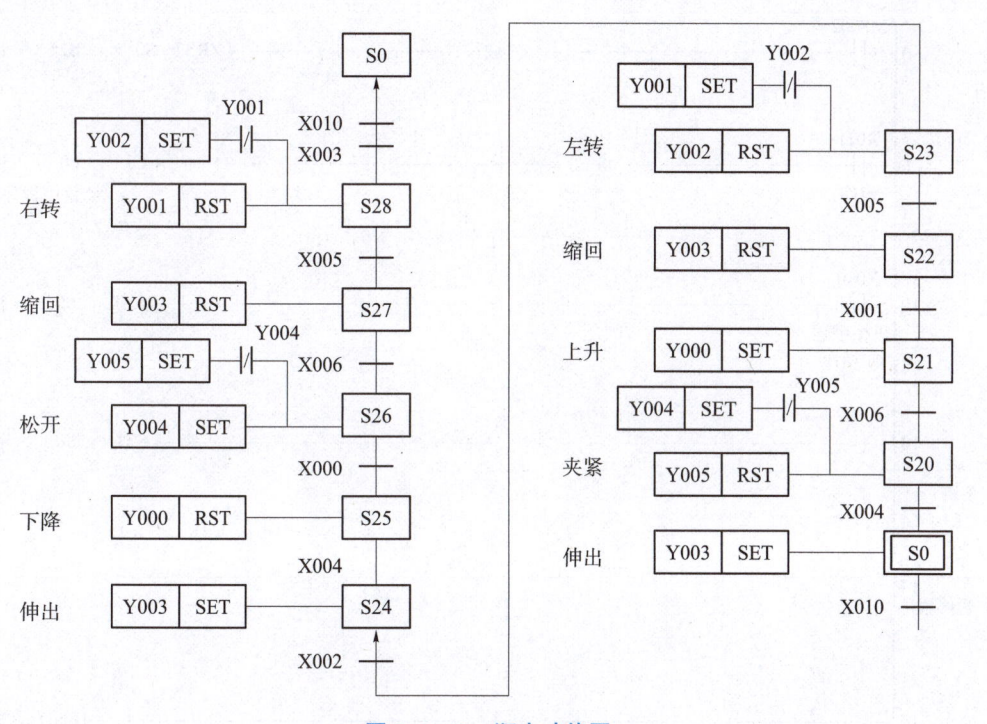

图 3-1-10 顺序功能图

电，机械手做缩回动作。编程时需要注意的是，左右转动、夹紧放松是由两个双向电磁阀控制的，由于双向电磁阀具有失电时保持断电前一状态功能，故在编程时为保证双向电磁阀准确动作，加了类似互锁语句，如步 19～20、36～37 等。

若在一周期运行过程中，当按下 X011，程序将自动越过步 10～77，而跳到 P0 口空等待，从而实现暂停功能。

3. 调试运行

（1）按图 3-1-9 所示电路连接 PLC 的 I/O 接线图，电磁阀、传感器、气缸等实物可参考相关自动生产线实训装备。

（2）用 GX Works2 软件编写程序（见图 3-1-11、图 3-1-12），然后下载到 PLC 并运行。

（3）按下启动按钮后观察机械手动作顺序是否正确，在一周期内按下暂停按钮，观察系统暂停现象，复位暂停按钮后，观察机械手后续动作是否正确。

4. 检查与评估

（1）检查 I/O 接线是否正确、规范，I/O 设备是否正常使用。

（2）检查梯形图和指令表的编辑是否正确。

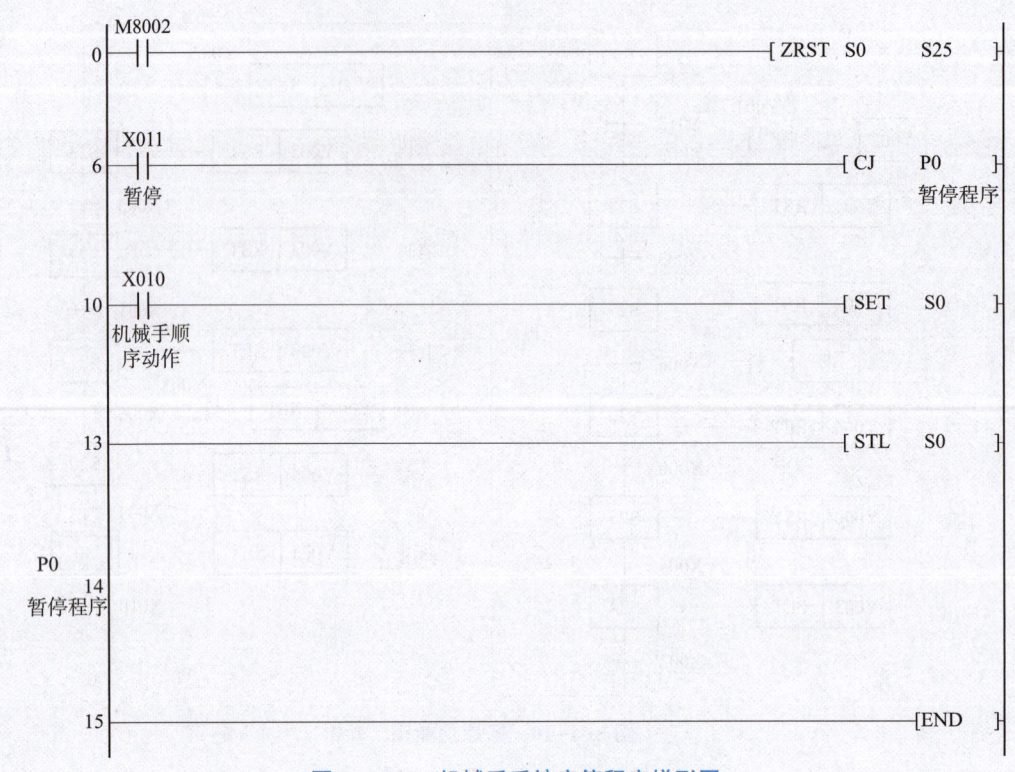

```
         M8002
      ┌───┤├────────────────────────────────[ ZRST   S0    S25 ]
    0

         X011
      ┌───┤├────────────────────────────────────────[ CJ    P0  ]
    6     暂停                                              暂停程序

         X010
      ┌───┤├────────────────────────────────────────[ SET   S0  ]
   10   机械手顺
        序动作

   13 ────────────────────────────────────────────────[ STL   S0  ]

   P0
   暂停程序
   14

   15 ────────────────────────────────────────────────────[ END ]
```

图 3-1-11　机械手系统启停程序梯形图

（3）检查现象是否正确。

【自主练习】

（1）将机械手系统中各个动作间加 2 s 延时时间，如抓取工件动作：机械手手臂伸出→2 s 后→手爪夹紧抓取工件→2 s 后→提升台上升→2 s 后→手臂缩回→2 s 后→回到初始状态。

（2）调试运行修改后的机械手程序，并观察跳转暂停时被跨越的程序中的输出线圈、定时器的工作状态如何。

（3）将"手臂伸出→手爪夹紧抓取工件→提升台上升→手臂缩回"这几个动作编写成机械手抓取工件子程序，同样将"手臂伸出→提升台下降→手爪松开放下工件→手臂缩回"这几个动作编写成放下工件子程序，通过在主程序中使用 CALL 语句加以调用，从而缩短主程序长度。主程序中流程为：启动→抓取工件→左转→放下工件→右转。

程序修改后下载到 PLC 中调试运行。

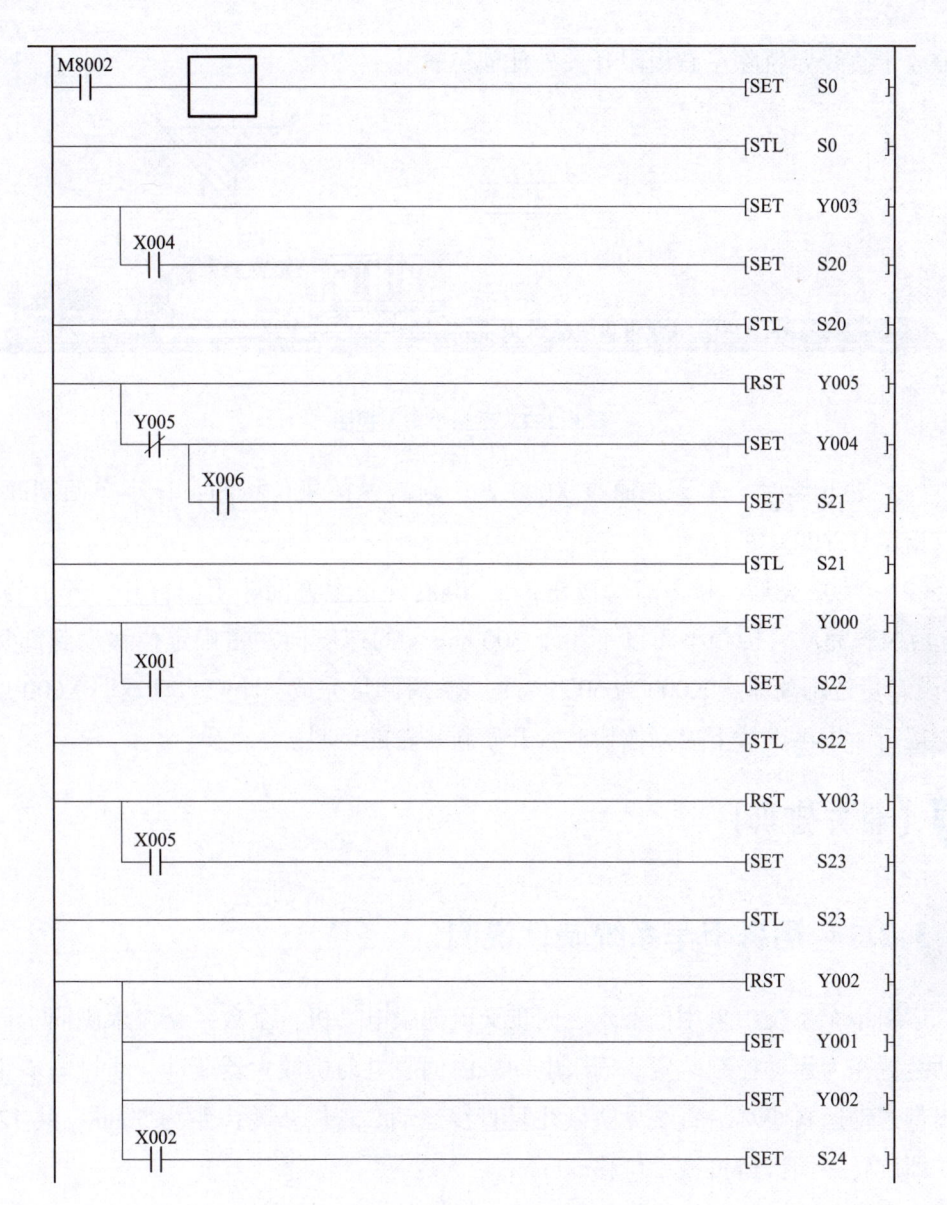

```
     M8002
     ──┤├──────────────────────────────────[SET  S0 ]

                                           ─[STL  S0 ]

                                           ─[SET  Y003]
         X004
         ──┤├──────────────────────────────[SET  S20 ]

                                           ─[STL  S20 ]

                                           ─[RST  Y005]
         Y005
         ──┤/├─────────────────────────────[SET  Y004]
              X006
              ──┤├─────────────────────────[SET  S21 ]

                                           ─[STL  S21 ]

                                           ─[SET  Y000]
         X001
         ──┤├──────────────────────────────[SET  S22 ]

                                           ─[STL  S22 ]

                                           ─[RST  Y003]
         X005
         ──┤├──────────────────────────────[SET  S23 ]

                                           ─[STL  S23 ]

                                           ─[RST  Y002]

                                           ─[SET  Y001]

                                           ─[SET  Y002]
         X002
         ──┤├──────────────────────────────[SET  S24 ]
```

图 3-1-12　机械手抓取工件梯形图

任务 3.2　运料小车控制系统设计

【工作任务】

设计运料小车，在如图 3-2-1 所示直线导轨上精确定位移动。小车起始时可随意停放于直线导轨除左右极限开关外任何位置。

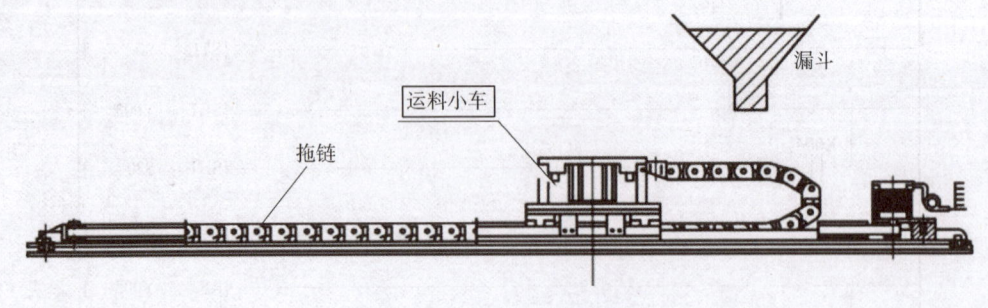

图 3-2-1 运料小车侧视图

（1）若起始时小车不在原点 X000 处，则需先按复位按钮，让小车回到原点，原点指示灯 Y003 亮。

（2）Y003 亮后，按下启动按钮，在 X000 处正上方漏斗闸门打开，开始装料，10 s 后装料完成，接着小车以不小于 300 mm/s 的速度向左精确定位移动到卸货处（假设卸货处距离原点 X000 为 500 mm），8 s 后卸货完成，小车自动返回 X000 点后停止运行。当再次按下启动按钮时，开始新一轮的运料。

【相关知识】

3.2.1 运料小车系统硬件说明

运料小车系统中采用松下永磁同步交流伺服电动机，全数字交流永磁同步伺服驱动装置作为运动控制装置。伺服电动机由伺服电动机放大器驱动，通过同步轮和同步带带动运料小车沿直线导轨做往复直线运动。若同步轮齿距为 5 mm，共 12 个齿，即旋转一周搬运机械手位移 60 mm。

伺服驱动器的接线及参数设置方法本节不做详细介绍，有兴趣的读者可自行阅读《松下 A4 系列 AC 伺服驱动技术选编》。

伺服电动机内部的转子是永磁铁，驱动器控制的 U/V/W 三相电形成电磁场，转子在此磁场的作用下转动，同时电动机自带的编码器反馈信号给驱动器，驱动器根据反馈值与目标值进行比较，调整转子转动的角度。伺服电动机的精度取决于编码器的精度（线数）。

例如本系统所使用的松下 MINASA4 系列 AC 伺服电动机驱动器，电动机编码器反馈脉冲为 2 500 pulse/rev。缺省情况下，驱动器反馈脉冲电子齿轮分-倍频值为 4 倍频。如果希望指令脉冲为 6 000 pulse/rev，那么就应把指令脉冲电子齿轮的分-

倍频值设置为 10 000/6 000。从而实现 PLC 每输出 6 000 个脉冲，伺服电动机旋转一周，驱动机械手恰好移动 60 mm 的整数倍关系。

3.2.2 传送指令

FX 系列 PLC 传送类指令主要包含 MOV 传送、BMOV 成批传送、SMOV 位移动、CML 反相传送、FMOV 多点传送。本节重点介绍 MOV、BMOV 传送指令。

1. MOV 指令

MOV、BMOV 指令的助记符、功能编号、操作数如表 3-2-1 所示。

表 3-2-1　MOV、BMOV 指令的格式

指令名称	助记符	功能编号	操作数 [S]	操作数 [D]
传送	MOV MOV(P)	FNC12 (16/32)	K, H, KnX, KnY, KnM, KnS, T, C, D, V, Z	KnX, KnY, KnM, KnS, T, C, D, V, Z
块传送	BMOV	FNC15	KnX, KnY, KnM, KnS, T, C, D	KnX, KnY, KnM, KnS, T, C, D, V, Z

MOV 指令是将源操作数中的数据传送到指定的目标操作数中，且保持源操作数内数据不变。MOV 指令应用如图 3-2-2 所示。

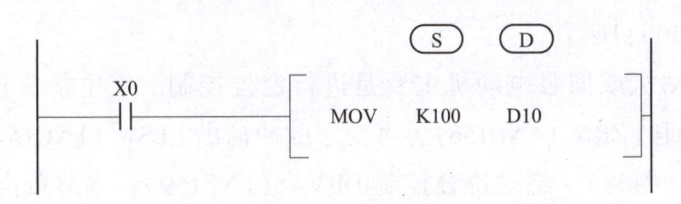

图 3-2-2　MOV 指令应用

当传送指令执行条件 X000 = ON 时，指令执行，将常数 K100 传送到 D10 中，在执行过程中，常数 K100 自动转换成二进制数。

当 X000 = OFF 时，传送指令不执行，目标操作数中数据保持不变。

注意：操作数若为 32 位，则应使用 DMOV 指令，如图 3-2-3 所示。

2. BMOV 指令

块传送指令 BMOV 的功能是将以源操作数指定软元件开头的 n 点数据向以目标操作数指定软元件为起始的 n 点软元件成批传送。BMOV 指令应用如图 3-2-4 所示。

```
   ├─┤├──────────┤ DMOV │ D0(D1) │ D10(D11) │   (D1，D0)      →(D11，D10)

   ├─┤├──────────┤ DMOV │ C235   │ D20(D21) │   (C235)当前值   →(D21，D20)
```

图 3-2-3 DMOV 指令应用

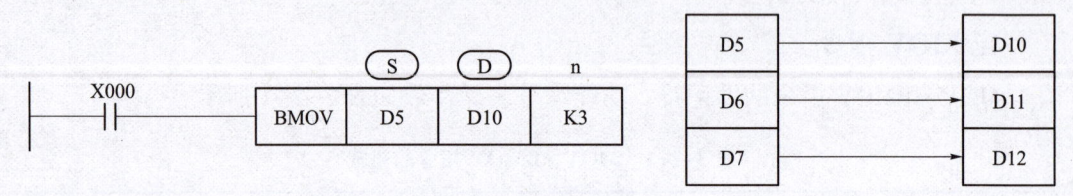

```
                      (S)   (D)    n
   X000
   ├─┤├──────────┤ BMOV │ D5 │ D10 │ K3 │
```

D5 → D10
D6 → D11
D7 → D12

图 3-2-4 BMOV 指令应用

注意：

①传送点数 n 超过软元件编号范围时，实际数据仅在可能的范围内传送。

②源操作数与目标操作数中若使用位组合，如源为 K1M0，则源与目标要采用相同的位数，即目标也要 4 位，如 K1Y000。

3.2.3 定位指令

定位指令主要用于执行可编程控制器内置式脉冲输出功能的定位。一般为 FX1N 或 FX1S 类型 PLC，输出为晶体管型，仅限于 Y000 和 Y001 点。输出脉冲的频率最高可达 100 kHz。

对步进电动机或伺服电动机主要是进行定位控制。定位指令包括当前值读取 ABS、原点回归 ZRN（FNC156）、可变速脉冲输出 PLSV（FNC157）、相对位置控制 DRVI（FNC158）、绝对位置控制 DRVA（FNC159）。本节重点介绍 ZRN 与 DRVA 指令。

1. 定位指令使用说明

（1）FX1N 或 FX1S 类型 PLC 的定位指令只能驱动 Y000 或 Y001，在同一程序中使用几条定位指令时注意不要同时驱动相同的 Y000 或 Y001，否则将做双线圈处理。

（2）Y000、Y001 作为高速响应输出时，使用电压范围为 DC 5~24 V，使用电流范围为 10~100 mA，输出频率最高为 100 kHz。

（3）与脉冲输出功能有关的主要特殊内部存储器见表 3-2-2。表中各个数据寄存器内容可以利用"（D）MOVK0D81□□"执行清除。

表 3-2-2　与脉冲输出功能有关的主要特殊内部存储器

寄存器		用途
数据寄存器	[D8141，D8140]	用于输出至 Y000 的脉冲总数
	[D8143，D8142]	用于输出至 Y001 的脉冲总数
	[D8145]	执行 ZRN、DRVI、DRVA 指令时的基底速度，设定范围为最高速度的 1/10 以下
	[D8147，D8146]	执行 ZRN、DRVI、DRVA 指令时的最高速度，设定范围为 10～100 000 Hz
	[D8148]	执行 ZRN、DRVI、DRVA 指令时，从基底速度到最高速度的加减速时间，设定范围为 50～5 000 ms
辅助继电器	[M8145]	Y000 脉冲输出停止指令（立即停止）
	[M8146]	Y001 脉冲输出停止指令（立即停止）
	[M8147]	Y000 脉冲输出中监控
	[M8148]	Y001 脉冲输出中监控

2. 原点回归指令 FNC156（ZRN）

1）原点回归指令格式说明

ZRN 的助记符、功能编号、操作数如表 3-2-3 所示。

表 3-2-3　ZRN 指令的格式

指令名称	助记符	功能编号	操作数			
			[S1] [S2]		[S3]	[D]
原点回归	ZRN	FNC156（16/32）	K, H, KnX, KnY, KnM, KnS, T, C, D, V, Z		X, Y, M, S	Y000, Y001

原点回归指令应用如图 3-2-5 所示。

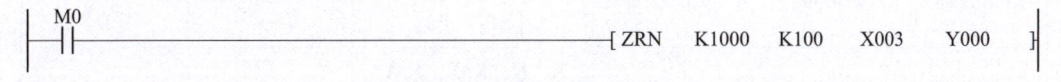

```
 M0
──┤├──────────────────[ ZRN   K1000   K100   X003   Y000 ]
```

图 3-2-5　ZRN 的指令应用

在执行绝对位置控制 DRVA 与相对位置控制 DRVI 时，PLC 利用自身产生的正转脉冲或反转脉冲进行当前值的增减，并将其保存到 Y000、Y001 各自对应的数据寄存器中。因此，机械的位置始终保持着。但当可编程控制器断电时会消失，因此上电时和初始运行时，必须执行原点回归将机械动作的原点位置的数据事先写入。

（1）[S1]：原点回归速度，指定原点回归开始的速度。

设定范围：[16位指令] 10~32 767 Hz；[32位指令] 10~100 kHz。

（2）[S2]：爬行速度，指定近点信号（DOG）变为 ON 后低速部分的速度。

设定范围：10~32 767 Hz。

（3）[S3]：近点信号，指定近点信号输入，多为系统原点位置。

（4）[D]：脉冲输出起始地址。仅限于 Y000 或 Y001，且 PLC 的输出必须采用晶体管输出方式。

2）原点回归动作顺序

原点回归动作按照下述顺序进行：

（1）驱动指令后，以原点回归速度 [S1] 开始移动。

① 当在原点回归过程中，指令驱动接点变为 OFF 状态时，将不减速而停止。

② 指令驱动接点变为 OFF 后，在脉冲输出中监控（Y000：M8147，Y001：M8148）处于 ON 时，将不接受指令的再次驱动。

（2）当近点信号（DOG）由 OFF 变为 ON 时，减速至爬运速度 [S2]。

（3）当近点信号（DOG）由 ON 变为 OFF 时，在停止脉冲输出的同时，向当前值寄存器（Y000：[D8141，D8140]，Y001：[D8143，D8142]）中写入 0。另外，M8140（清零信号输出功能）为 ON 时，同时输出清零信号。随后，当执行完成标志（M8029）动作的同时，脉冲输出中监控变为 OFF 状态。

3. 绝对位置控制指令 FNC159（DRVA）

1）绝对位置控制指令格式说明

DRVA 的助记符、功能编号、操作数如表 3-2-4 所示。

表 3-2-4 DRVA 指令的格式

指令名称	助记符	功能编号	操作数		
			[S1] [S2]	[S3]	[D]
绝对位置控制	DRVA	FNC159（16/32）	K, H, KnX, KnY, KnM, KnS, T, C, D, V, Z	Y, M, S	Y000, Y001

DRVA 以绝对驱动方式（指定由原点开始距离的方式）执行单速位置控制的指令，指令应用如图 3-2-6 所示。

```
 ├─┤M0├──────────────────────[ DRVA  K25000  K3000  Y000  Y004 ]
```

图 3-2-6 绝对位置控制指令应用

2）指令格式说明

（1）操作数说明。

① [S1]：目标位置（绝对指定），设定范围为 -32 768~+32 767（16 位指令），-999 999~+999 999（32 位指令）。

② [S2]：输出脉冲频率，设定范围为 10~32 767 Hz（16 位指令），10~100 kHz（32 位指令）。

③ [D1]：脉冲输出起始地址仅限 Y000、Y001，且 PLC 的输出必须采用晶体管输出方式。

④ [D2]：旋转方向信号输出起始地址，根据 [S1] 和当前位置的差值，按照以下方式动作。

[+（正）]→ON

[-（负）]→OFF

（2）目标位置指令 [S1]，以对应下面的当前值寄存器作为绝对位置。

① 向 [Y000] 输出时→[D8141（高位），D8140（低位）]（使用 32 位）；向 [Y001] 输出时→[D8143（高位），D8142（低位）]（使用 32 位）。

② 正转时，当前寄存器的数值增加；反转时，当前寄存器的数值减小。

（3）旋转方向通过输出脉冲数 [S2] 的正负符号指令。

（4）在指令执行过程中，即使改变操作数的内容，也无法在当前运行中表现出来，只在下一次指令执行时才有效。

（5）在指令执行过程中，当指令驱动的接点变为 OFF 时，将减速停止。此时执行完成标志 M8029 不动作。

（6）指令驱动接点变为 OFF 后，在脉冲输出中标志（Y000：[M8147]，Y001：[M8148]）处于 ON 时，将不接受指令的再次驱动。

3.2.4 比较指令

CMP 的助记符、功能编号、操作数如表 3-2-5 所示。

比较指令

表 3-2-5 CMP 指令的格式

指令名称	助记符	功能编号	操作数 [S1] [S2]	[S3]
比较	CMP CMP(P)	FNC10 (16/32)	K, H, KnX, KnY, KnM, KnS, T, C, D, V, Z	Y, M, S

CMP 指令将 [S1] 与 [S2] 的内容进行比较，比较结果以 [D] 中的状态来表示。该指令的使用如图 3-2-7 所示。

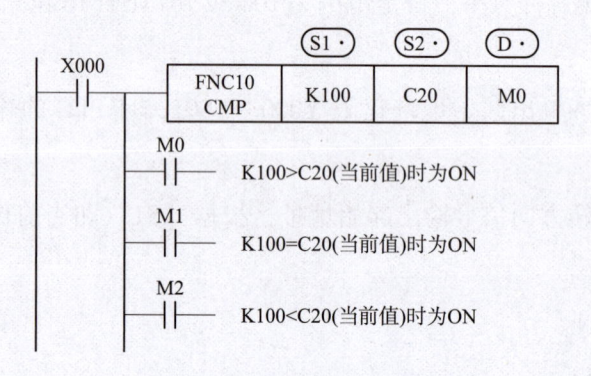

```
X000
 ┤├──────┬── FNC10  K100  C20  M0
         │    CMP  (S1·)(S2·)(D·)
         │
         M0
         ┤├── K100>C20(当前值)时为ON
         M1
         ┤├── K100=C20(当前值)时为ON
         M2
         ┤├── K100<C20(当前值)时为ON
```

图 3-2-7 CMP 指令的使用

数据比较是按代数形式进行的（有符号）。所有的源数据都按二进制数处理。若目标地址指定 M0，则 M0、M1、M2 将被自动占有。当 X000=OFF 时，CMP 指令不执行，M0、M1、M2 保留 X000 断开前的状态。

3.2.5 区间比较指令

ZCP 的助记符、功能编号、操作数如表 3-2-6 所示。

表 3-2-6 ZCP 指令的格式

指令名称	助记符	功能编号	操作数 [S1] [S2] [S]	[S3]
区间比较	ZCP ZCP(P)	FNC11 (16/32)	K, H, KnX, KnY, KnM, KnS, T, C, D, V, Z	Y, M, S

ZCP 指令将 [S] 中的内容与 [S1] 和 [S2] 的内容进行比较，比较结果以 [D] 中的状态来表示。该指令的应用如图 3-2-8 所示。

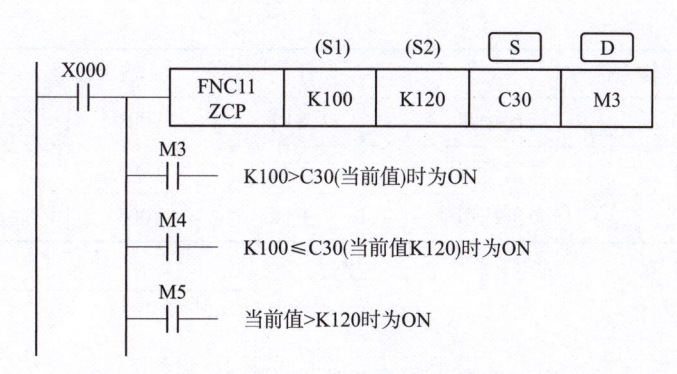

```
         X000                 (S1)   (S2)    S     D
         ─┤├───┬──── FNC11 ── K100 ─ K120 ─ C30 ─ M3
                    ZCP
              │   M3
              ├──┤├──────  K100>C30(当前值)时为ON
              │   M4
              ├──┤├──────  K100≤C30(当前值K120)时为ON
              │   M5
              └──┤├──────  当前值>K120时为ON
```

图 3-2-8　ZCP 指令的应用

图 3-2-8 中，［S1］和［S2］设定的为一个范围值，且［S1］的值要小于［S2］值。当 X000=ON 时，执行区间比较指令，比较定时器 C30 中的当前值是否在［S1］［S2］范围内，还是在区间范围外。若目标地址指定 M3，则 M3、M4、M5 将被自动占有。

当 X000=OFF 时，ZCP 指令不执行，M0、M1、M2 保留 X000 断开前的状态。

【任务实施】

1. I/O 分配

运料小车控制系统共有 9 个输入信号、6 个输出信号。其中输入信号包括来自按钮/指示灯模块的按钮、开关等主令信号，传感器信号，限位开关等；输出信号主要是输出到伺服电动机驱动器的脉冲信号 Y000 和驱动方向信号 Y002，以及各类电磁阀及指示灯。

由于需要输出驱动伺服电动机的高速脉冲，PLC 应采用晶体管输出型。

基于上述考虑，选用三菱 FX1N-32MT PLC，共 12 点输入、12 点晶体管输出。表 3-2-7 给出了 PLC 的 I/O 分配表，I/O 接线原理图如图 3-2-9 所示。

表 3-2-7　运料小车控制系统 I/O 分配表

输入信号			输出信号		
输入		功能说明	输出		功能说明
SP	X000	原点位置检测	伺服	Y000	脉冲
SQ1	X001	右限位保护	驱动器	Y001	方向
SQ2	X002	左限位保护	HL	Y003	原点指示灯

续表

输入信号			输出信号		
SB1	X010	启动按钮	YV1	Y004	装料电磁阀
SB2	X011	复位按钮	YV2	Y005	卸料电磁阀
QS	X012	急停按钮	HL2	Y006	越位报警指示灯

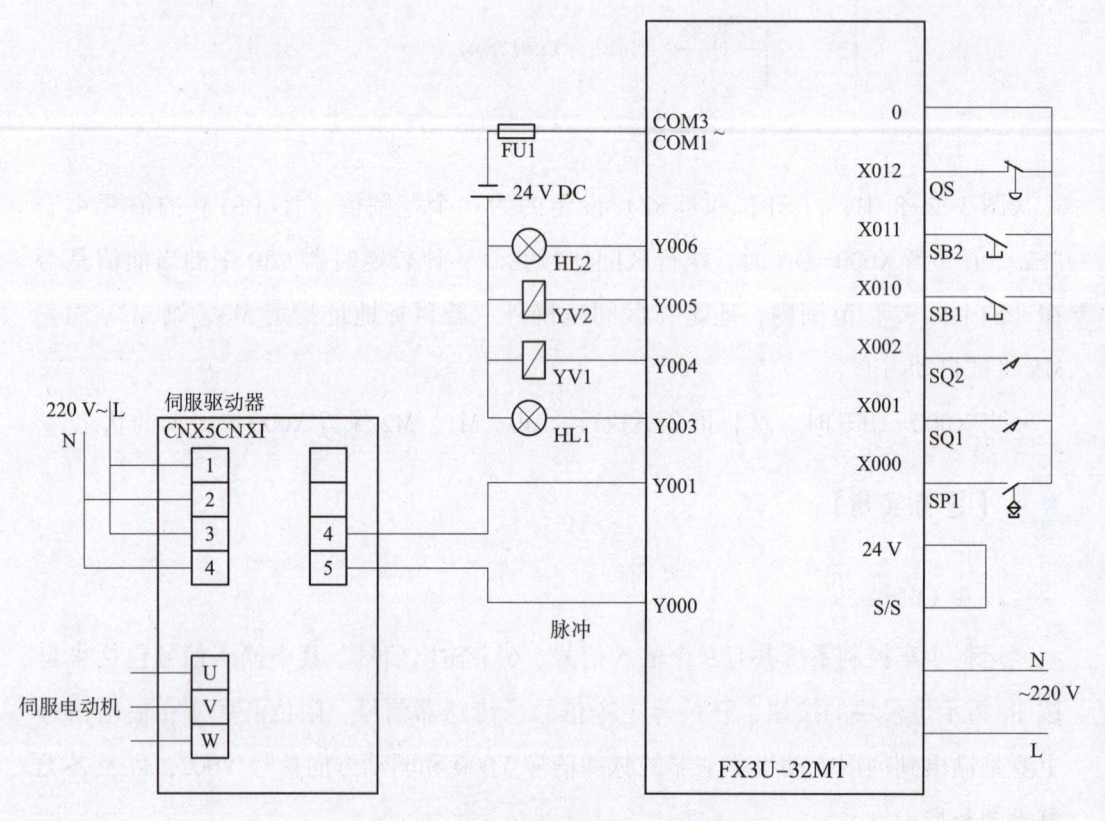

图 3-2-9 运料小车控制系统 I/O 接线图

图 3-2-9 中，左右两极限开关 SQ2 和 SQ1 的动合触点分别连接到 PLC 输入点 X002 和 X001。晶体管输出的 FX1N 系列 PLC，供电电源采用 AC 220 V 电源。伺服电动机其他端口接线方式本节不做详细介绍。

2. 程序设计

1）编程思路

运料小车控制系统中 PLC、伺服驱动器、伺服电动机、运料小车之间的相互关联说明如下。

晶体管输出型 PLC 发送出一定数量的脉冲（脉冲值相对于与绝对位置值）到

伺服电动机驱动器，驱动器驱动电动机运行，电动机通过同步轮和同步带带动运料小车做往复直线运动。在运行过程中，电动机自带的编码器反馈信号给驱动器，驱动器根据反馈值与目标值进行比较，以调整转子转动的角度，从而保证定位精确度。

运料小车控制系统的关键点与难点是伺服电动机的定位控制，本程序采用 FX1N 绝对位置控制指令来定位。因此需要知道原点 X000 到卸货点（绝对位置为 500 mm）的绝对位置脉冲数。

由之前的知识，已知同步轮齿距为 5 mm，共 12 个齿，即旋转一周搬运小车位移 60 mm，而电动机编码器反馈脉冲为 2 500 pulse/rev，经过驱动器相应参数设置后为 6 000 pulse/rev（即电动机转动一圈需接收 6 000 个脉冲），故 X000 到卸货处的绝对距离为 500 mm，所需要的绝对位置脉冲数为 $\frac{500}{60} \times 6\,000 = 50\,000$ 个。

2）顺序功能图

运料小车控制系统顺序功能图如图 3-2-10 所示。

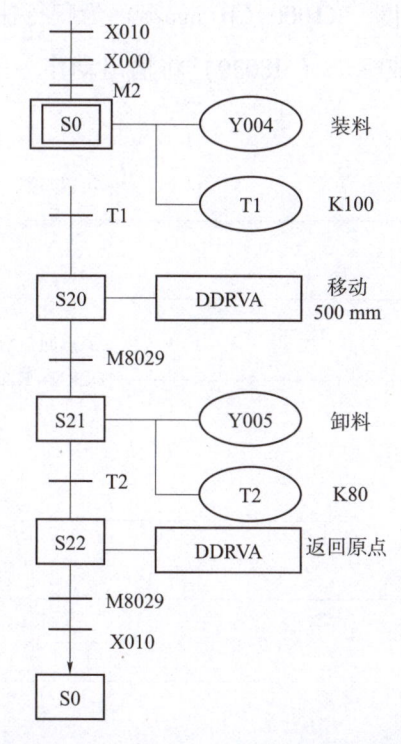

图 3-2-10 运料小车控制系统顺序功能图

3）梯形图

初始化程序如图 3-2-11 所示，在 PLC 上电瞬间，完成区域状态清零与设置基底速度（D8145）、加减速时间（D8148）、最高速度（D8146）的任务。

```
       M8002
  0 ───┤├──────────────────────────────────[MOV   K500    D8145]

                                           [MOV   K300    D8148]

                                           [DMOV  K100000 D8146]

                                           [ZRST  S0      S23  ]

 25 ──────────────────────────────────────────────────────[END]
```

图 3-2-11 初始化程序

回原点复位子程序如图 3-2-12 所示。当小车没有发生越位报警，且按下复位按钮时，程序自动调用回原点子程序。程序中主要运用原点回归指令，指令中 K20000（200 mm/s）为原点回归速度，K1000（10 mm/s）为爬行速度，X000 为原点。当该指令执行完毕时，执行完成标志（M8029）将输出动作。回原点复位子程序返回主程序时带回状态信息 M2。

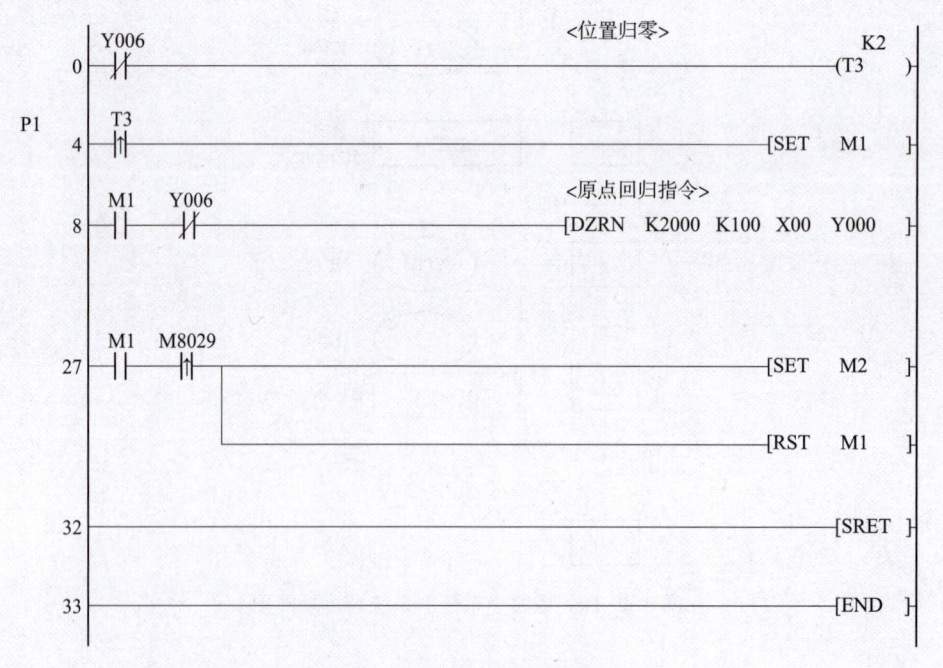

```
         Y006                      <位置归零>           K2
  0  ────┤/├──────────────────────────────────────(T3  )

         T3
P1  4 ───┤/├─────────────────────────────────[SET   M1 ]

         M1   Y006              <原点回归指令>
  8  ───┤├───┤/├────────────[DZRN K2000 K100 X00 Y000]

         M1   M8029
 27 ────┤├───┤├─────────────────────────────[SET   M2 ]

                                            [RST   M1 ]

 32 ──────────────────────────────────────────────[SRET]

 33 ──────────────────────────────────────────────[END ]
```

图 3-2-12 回原点复位子程序

主程序如图3-2-13所示。当小车没有发生越位报警，且按下复位按钮时，程序自动调用回原点子程序。当小车复位到原点时，Y003指示灯亮，可按下启动按钮，进入顺序控制程序。需要注意的是，顺序控制程序首位用MC、MCR主控指令实现功能，当没有发生越位报警且没有按下急停按钮时，程序执行从状态S0至S23的动作，否则将越过S0~S23处于暂停状态。步55为从原点精确移动到卸货处的绝对位置控制指令，步86为从卸货处返回到原点指令，由于仍然使用绝对位置控制（目标点与原点的距离值），而原点与自身的距离值为0，故指令中输出脉冲数为K0。

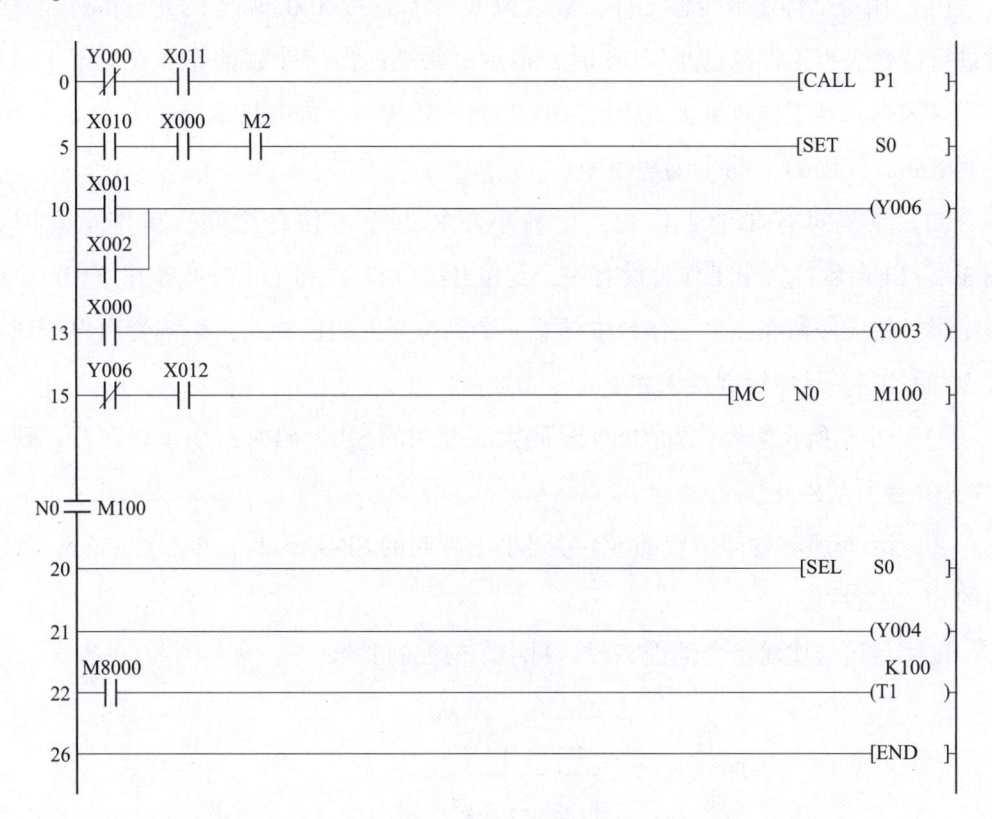

```
 0  ─┤/├──┤ ├──────────────────────────────[CALL  P1 ]
     Y000 X011
 5  ─┤ ├──┤ ├──┤ ├─────────────────────────[SET   S0 ]
     X010 X000 M2
10  ─┤ ├────────────────────────────────────────(Y006)
     X001
     ├┤ ├─
     X002
13  ─┤ ├────────────────────────────────────────(Y003)
     X000
15  ─┤ ├──┤ ├────────────────────────[MC  N0  M100 ]
     Y006 X012

N0──M100
20  ─────────────────────────────────────[SEL   S0 ]
21  ─────────────────────────────────────────(Y004)
22  ─┤ ├─────────────────────────────────────(T1  K100)
     M8000
26  ─────────────────────────────────────────[END ]
```

图 3-2-13　主程序

3. 调试运行

（1）按图3-2-9所示接线图连接PLC的I/O接线图，电磁阀、传感器、传送带、电动机等实物可参考相关自动生产线实训装备。

（2）用GX Works2软件编写程序（见图3-2-11~图3-2-13），然后下载到PLC并运行。

(3) 按下启动按钮后观察小车运行状况。

4. 检查与评估

(1) 检查 I/O 接线是否正确、规范，I/O 设备是否正常使用。

(2) 检查梯形图和指令表的编辑是否正确。

(3) 检查现象是否正确。

【自主练习】

(1) 用一个传送带传输工件，数量为 20 个。连接 X000 端子的光电传感器对工件进行计数。当工件数量小于 15 时，指示灯常亮；当计件数量等于或大于 15 时，指示灯闪烁；当工件数量为 20 时，10 s 后传送带停机，同时指示灯熄灭。设计 PLC 控制电路，并用 ZCP 指令编写程序。

(2) 某车间有 8 个工作台，运料小车往返于工作台之间，动作示意图如图 3-2-14 所示。每个工作台设有一个到位开关（SQ）和一个呼叫按钮（SB），运料小车开始应停留在 8 个工作台中任意一个到位开关的位置上，系统受启停按钮开关 S0 的控制。具体控制要求如下：

① 当小车所在暂停位置的 SQ 号码大于呼叫的 SB 号码时，小车往左行，到呼叫的 SB 位置后停止。

② 当小车所在暂停位置的 SQ 号码小于呼叫的 SB 号码时，小车往右行，到呼叫的 SB 位置后停止。

试用传送与比较指令编程实现运料小车的控制要求。

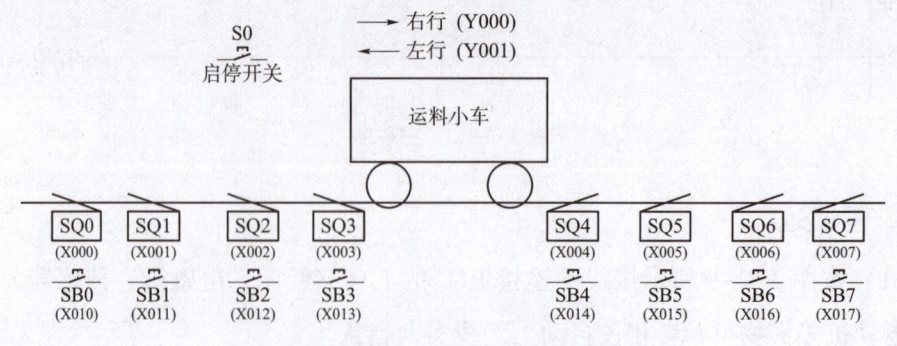

图 3-2-14 运料小车动作示意图

任务 3.3 材料分拣控制系统设计

【工作任务】

图 3-3-1 所示为一材料分拣控制系统，主要由传送带、交流电动机、编码器、磁性传感器、电磁阀、光电传感器、光纤头（光纤传感器）、电感传感器及其他零部件构成。该系统主要完成来料检测及将不同颜色不同材质的工件自动推入不同的料槽分流的功能。传送带由三相异步电动机驱动，在传送带入口装有光电传感器用于进料检测，进料检测传感器检测到工件后变频器启动。编码器用于传送带的准确定位。在离入口一定距离处装有电感传感器与光纤传感器，用于提早判别材料性质。材料性质确定后，工件将被传送到对应的物料槽口，物料槽 1、2 由推料气缸推入，物料槽 3 由旋转气缸将物料倒入滑槽内，旋转气缸复位。气缸由 3 个单向电磁阀控制。

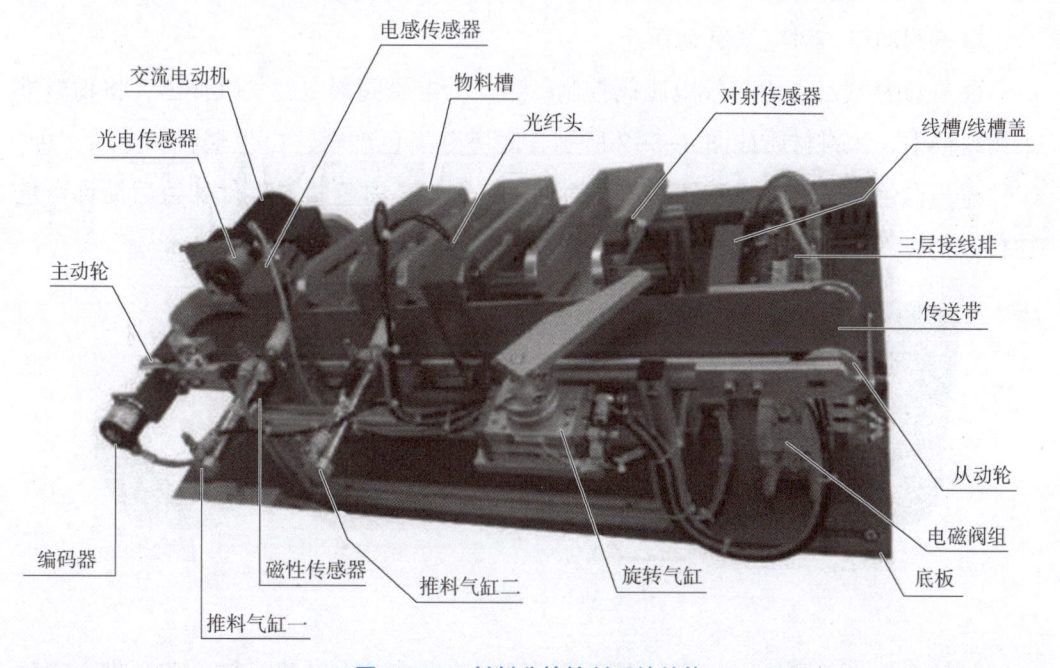

图 3-3-1 材料分拣控制系统结构

主要部件功能描述：

（1）编码器：实时提供电动机转速信号，可以构建传送带电动机转速的闭环控制系统，将传送带上的工件准确运送至目标位置。

（2）光电传感器：用于检测入料口是否有物料。当入料口有物料时给 PLC 提供输入信号。

（3）电感传感器：用于检测金属物料，检测距离为 3~5 mm。

（4）光纤传感器：根据不同颜色材料反射光强度的不同来区分不同的物料。当物料为白色时第一个光纤传感器检测到信号；当物料为黑色时第二个光纤传感器检测到信号。光纤传感器的检测距离可通过光纤放大器的旋钮调节。

（5）对射传感器：由发射器和接收器组成，发射器直接发射红外波到接收器上。当有物体阻挡接收器的接收时，接收器输出信号；根据调节，也可以使接收器一直有信号，当有物体阻挡接收器的接收时，接收器无输出信号。对射传感器主要用于料位监控、输送带控制等。

（6）磁性传感器：用于推料气缸的位置检测，当检测到推料气缸准确到位后给 PLC 发出一个到位信号。

（7）电磁阀：推料气缸、旋转气缸均用二位五通带手控开关的单控电磁阀控制，三个单控电磁阀集中安装在带有消声器的汇流板上。当 PLC 给电磁阀一个信号，电磁阀动作，对应气缸动作。

（8）推料气缸：由单控电磁阀控制。当气动电磁阀得电，气缸伸出，将物料推入物料槽中。物料材质如图 3-3-2 所示，底座分黑色塑料、白色塑料和金属三种。工件盖为白色。黑色塑料零件加盖后简称黑色物料；白色塑料零件加盖后简称白色物料；金属零件加盖后简称金属物料。

图 3-3-2 物料材质

初始上电，系统执行复位，变频器以固定速度启动电动机运转，传送带上有物料，分别为铝制物料、白色物料及黑色物料，并分别被分拣到 1 号物料槽、2 号物料槽和 3 号物料槽中，传送带上无物料时，传送带空运行 5 s 或者高速计数器的计数值超过 2 000 时，电动机停止运行。复位完成后，绿色指示灯以 1 Hz 的频率闪烁。按下启动按钮，传感器与高速计数器双重定位，等待物料，如果送入分拣控制系统的物料为金属物料，则该物料对应到达1号物料槽中间，传送带停止，物料被推到1号物料槽中；如果是白色物料，则该物料对应到达2号物料槽中间，传送带停止，物料被推到2号物料槽中；如果是黑色物料，则该物料被推到3号物料槽中，传送带停止。物料被分拣到物料槽后，并且指示灯红、黄、绿分别对应以上三种物料作为分拣完成标志点亮1 s，该工作单元的一个工作周期结束。仅当物料被分拣到物料槽后，才能再次向传送带下料。

【相关知识】

3.3.1　旋转编码器简介

旋转编码器是通过光电转换，将输出至轴上的机械、几何位移量转换成脉冲或数字信号的传感器，主要用于速度或位置（角度）的检测。典型的旋转编码器是由光栅盘和光电检测装置组成的。光栅盘是在一定直径的圆板上等分地开通若干个长方形狭缝。由于光电码盘与电动机同轴，电动机旋转时，光栅盘与电动机同速旋转，经发光二极管等电子元件组成的检测装置检测输出若干脉冲信号。通过计算每秒旋转编码器输出脉冲的个数就能反映当前电动机的转速；通过计算一定时间内旋转编码器输出脉冲的个数就能反映出电动机带动的皮带移动距离。

一般来说，旋转编码器根据产生脉冲的方式不同，可以分为增量式、绝对式以及复合式三大类。本材料分拣控制系统上常采用的是增量式旋转编码器。

3.3.2　FX3U系列PLC高速计数器

高速计数器是PLC的编程软元件，相对于普通计数器，高速计数器用于频率高于机内扫描频率的机外脉冲计数，由于计数信号频率高，计数以中断方式进行，不受PLC的扫描周期影响，计数器的当前值等于设定值时，计数器的输出接点立即工作。

FX3U系列PLC内置有21点高速计数器C235~C255，每一个高速计数器都为32位增/减计数型，设定范围为：-2 147 483 648~+2 147 483 648。高速计数器均有断电保持功能，通过参数设定也可变为非断电保持型。高速计数器的类型主要分1相1计数型、1相2计数型、2相2计数型三种。下面以FX3U为例，对高速计数器做一说明，如表3-3-1所示。

表 3-3-1 高速计数器一览表

		1相1计数输入					1相2计数输入				2相2计数输入			
	C235	C236	C237	C238	C239	C240	C241	C242	C243	C244	C245	C246	C247	C248	C249	C250	C251	C252	C253	C254	C255
000	U/D																				
001		U/D																			
002			U/D																		
003				U/D			R	R	R	R	R										
004					U/D					U/D	R	U	D	D	U	D					
005						U/D								R	R	R	A	B	A	B	A
006											S				S		B	R	B	R	B
007																S		S	R	S	R

注：表中 U 为增计数输入，D 为减计数输入，A 为 A 相输入，B 为 B 相输入，R 为复位输入，S 为启动输入。

1. 1相1计数型

C235~C240 为无启动/复位输入端的 1 相 1 计数型高速计数器，它对 1 相脉冲计数，故只有一个脉冲输入端，计数方向由程序决定。如图 3-3-3 所示，M8235=ON 时，C235 为减计数器；M8235=OFF 时，C235 为加计数器；当 X011=ON 时，C235 的当前值立即复位为 0；当 X012=ON 时，C235 开始对 X000 端子输入的信号上升沿计数。C241~C245 是带启动/复位输入端的 1 相 1 计数型高速计数器。如图 3-3-4 所示，使用 M8245 可以设置 C245 位加计数或减计数；当 X011=ON 时，C245 的当前值立即复位为 0，因为 C245 带有复位输入端，所以也可以通过外部输入端 X003（见表 3-3-1）复位；又因为 C245 带有启动输入端 X007，所以不仅 X012=ON，同时需要 X007=ON 的情况下，C245 才开始计数，计数输入端为 X002。

```
    X010
0 ──┤├──────────────────────────────(M8235)
    X011
3 ──┤├──────────────────[RST    C235]
    X012                            K66
6 ──┤├──────────────────────────(C235)
```

图 3-3-3　1 相无 S/R 高速计数器

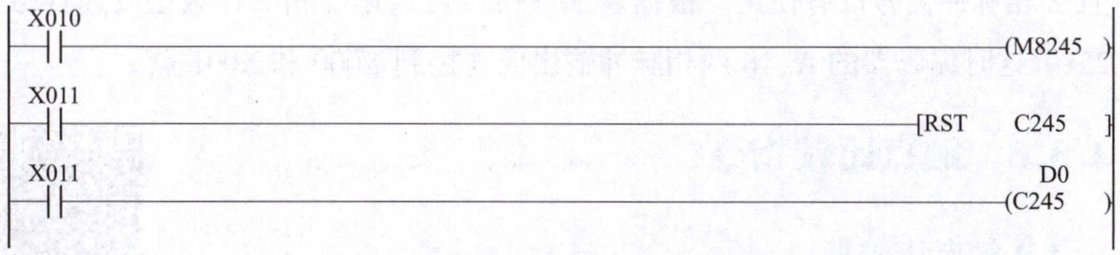

```
    X010
  ──┤├──────────────────────────────(M8245)
    X011
  ──┤├──────────────────[RST    C245]
    X011                             D0
  ──┤├──────────────────────────(C245)
```

图 3-3-4　1 相带 S/R 高速计数器

2. 1相2计数型

C246~C250 为 1 相 2 计数型高速计数器，这种计数器使用一个 PLC 输入端用于加计数，另一个 PLC 输入端用于减计数，其中几个计数器还有启动端和复位端。如图 3-3-5 所示，X010=ON 时，C246 复位。当 X010=OFF，X011=ON 时，如果输入脉冲信号从 X000 端输入，则此时 C246 为加计数；反之，如果输入脉冲信号从 X001 端输入，则 C246 为减计数。C246~C250 的计数方向可以由监视相应的特殊辅助继电器 M8□□□状态得到。

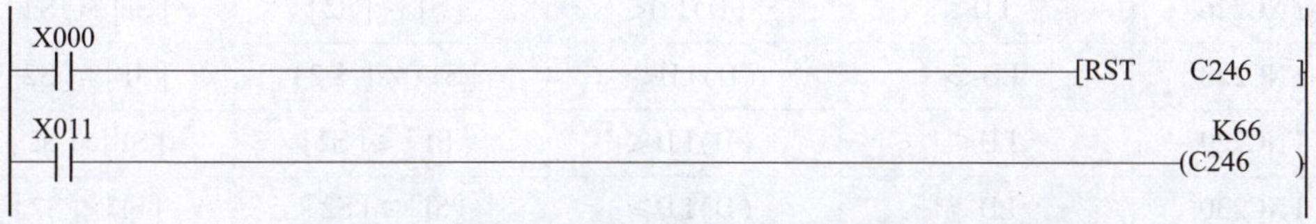

```
    X000
  ──┤├──────────────────[RST    C246]
    X011                            K66
  ──┤├──────────────────────────(C246)
```

图 3-3-5　1 相 2 计数型高速计数器

3. 2相2计数型

C251~C255为2相2计数（A-B）型高速计数器，这种计数器的计数方向由A相脉冲信号与B相脉冲信号的相位关系决定。如图3-3-6所示，在A相输入接通期间，如果B相输入由OFF变为ON，则计数器为加计数；反之，在A相输入接通期间，如果B相输入由ON变为OFF，则计数器为减计数。

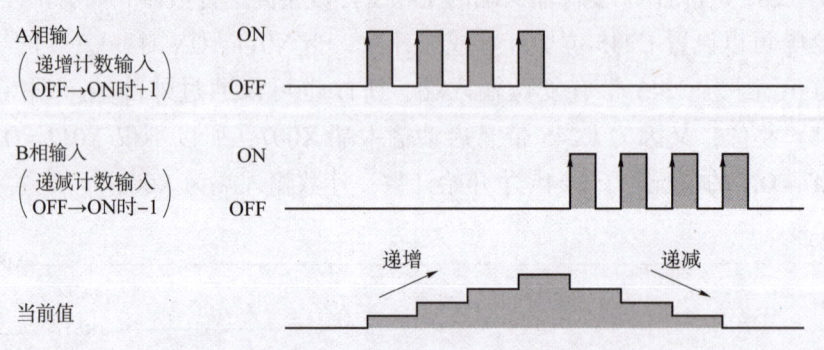

图3-3-6　2相2计数型高速计数器的计数方向

如前所述，分拣单元所使用的是具有A、B两相90°相位差的通用型旋转编码器，且Z相脉冲信号没有使用。根据表3-3-1，可选用2相2计数型高速计数器，如C251。这时编码器的A、B两相脉冲输出应连接到X000和X001点。

3.3.3　触点比较指令

1. LD触点比较指令

LD触点比较指令是连接母线触点比较指令，用于对数据源里的内容进行二进制比较，根据比较结果执行后段的运算。该类指令的助记符、代码、功能见表3-3-2。

表3-3-2　LD触点比较指令

功能编号	助记符（16位）	助记符（32位）	导通条件	非导通条件
FNC224	LD=	(D)LD=	[S1]=[S2]	[S1]≠[S2]
FNC225	LD>	(D)LD>	[S1]>[S2]	[S1]≤[S2]
FNC226	LD<	(D)LD<	[S1]<[S2]	[S1]≥[S2]
FNC228	LD<>	(D)LD<>	[S1]≠[$2]	[S1]=[S2]
FNC229	LD≤	(D)LD≤	[S1]≤[S2]	[S1]>[S2]
FNC230	LD≥	(D)LD≥	[S1]≥[S2]	[S1]<[S2]

LD 触点比较指令的具体应用如图 3-3-7 所示。当计数器 C10 中的当前值等于 100 时，输出 Y000。C251 为 32 位计数器，必须用 32 位的触点比较指令，否则会出现错误。当计数器 C251 的当前值大于或等于 888 888，同时 X001=ON 时，则输出 Y001 并置位。

```
12─[= C10 K100]──────────────────────────(Y000)
                    X001
18─[D>= C251 K888888]─┤├──────────────[SET Y001]
```

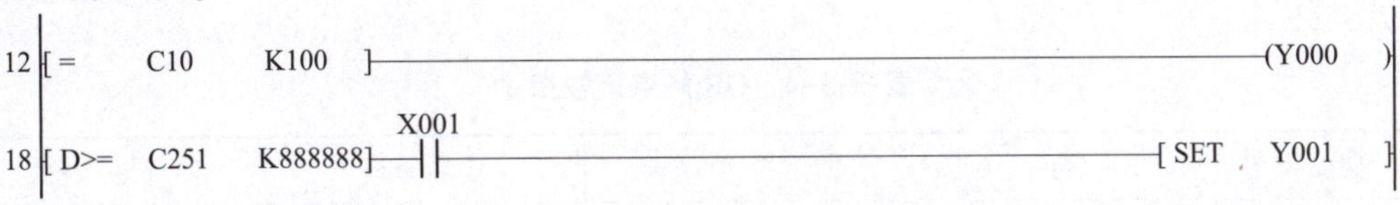

图 3-3-7　LD 触点比较指令的应用

2. AND 触点比较指令

AND 触点比较指令是与其他触点串联连接比较指令，用于对数据源里的内容进行二进制比较，根据比较结果执行后段的运算。该类指令的助记符、代码、功能见表 3-3-3。

表 3-3-3　AND 触点比较指令

功能编号	助记符（16 位）	助记符（32 位）	导通条件	非导通条件
FNC232	AND=	(D)AND=	[S1]=[S2]	[S1]≠[S2]
FNC233	AND>	(D)AND>	[S1]>[S2]	[S1]≤[S2]
FNC234	AND<	(D)AND<	[S1]<[S2]	[S1]≥[S2]
FNC236	AND<>	(D)AND<>	[S1]≠[S2]	[S1]=[S2]
FNC237	AND≤	(D)AND≤	[S1]≤[S2]	[S1]>[S2]
FNC238	AND≥	(D)AND≥	[S1]≥[S2]	[S1]<[S2]

AND 触点比较指令的具体应用如图 3-3-8 所示。X000=ON，且计数器 C10 中的当前值等于 100 时，输出 Y000。当 X001=ON，且 D0 里的值不等于 2 时，则输出 Y001 并置位。C251 为 32 位计数器，必须用 32 位的触点比较指令，否则会出现错误。当 X003=ON 且计数器 C251 的当前值小于 888 888 时，则输出 M10。

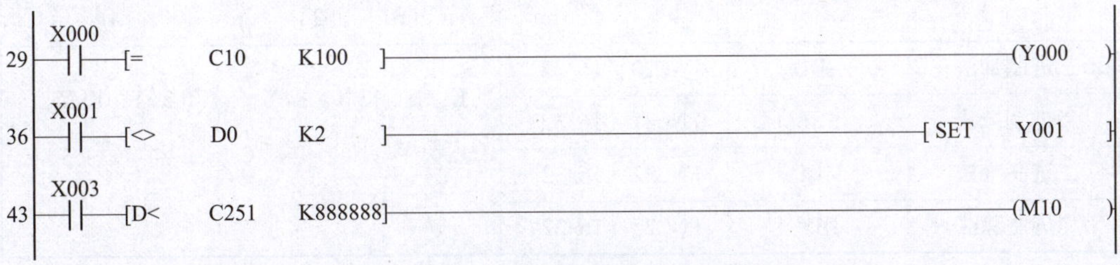

```
    X000
29──┤├──[= C10 K100]──────────────────(Y000)
    X001
36──┤├──[<> D0 K2]──────────────[SET Y001]
    X003
43──┤├──[D< C251 K888888]─────────────(M10)
```

图 3-3-8　AND 触点比较指令的应用

3. OR 触点比较指令

OR 触点比较指令是与其他触点并联连接比较指令,用于对数据源里的内容进行二进制比较,根据比较结果执行后段的运算。该类指令的助记符、代码、功能见表 3-3-4。

表 3-3-4 OR 触点比较指令

功能编号	助记符（16 位）	助记符（32 位）	导通条件	非导通条件
FNC240	OR=	(D)OR=	[S1]=[S2]	[S1]≠[S2]
FNC241	OR>	(D)OR>	[S1]>[S2]	[S1]≤[S2]
FNC242	OR<	(D)OR<	[S1]<[S2]	[S1]≥[S2]
FNC244	OR<>	(D)OR<>	[S1]≠[S2]	[S1]=[S2]
FNC245	OR≤	(D)OR≤	[S1]≤[S2]	[S1]>[S2]
FNC246	OR≥	(D)OR≥	[S1]≥[S2]	[S1]<[S2]

OR 触点比较指令的具体应用与 AND 触点比较指令类似,不再赘述。

四则运算指令

3.3.4 四则运算指令

PLC 的四则运算指令包括二进制加、减、乘、除（ADD、SUB、MUL、DIV）和二进制递增、递减（INC、DEC）以及逻辑与、或、异或、求补（WAND、WOR、WXOR、NEG）等。本节重点介绍 ADD、SUB、MUL、DIV、INC、DEC 指令。

1. 二进制加、减、乘、除指令

二进制加、减、乘、除（ADD、SUB、MUL、DIV）指令的助记符、功能编号、操作数见表 3-3-5。

表 3-3-5 ADD、SUB、MUL、DIV 指令的格式

指令名称	助记符	功能编号	操作数 [S1] [S2]	操作数 [D]
二进制加法	ADD	FNC20（16/32）	K、H、KnX、KnY、KnM、KnS、T、C、D、V、Z	KnY、KnM、KnS、T、C、D、V、Z
二进制减法	SUB	FNC21（16/32）		
二进制乘法	MUL	FNC22（16/32）		
二进制除法	DIV	FNC23（16/32）		

如图 3-3-9 所示，加法指令 ADD 用于将两个源操作数［S1］、［S2］内数值进行二进制加法后将计算结果送到目标操作数［D］。各数据的最高位为符号位，数据以代数形式进行运算。进行 32 位计算时，会自动将指定操作数作为低 16 位，指定操作数编号后的下一个操作数［D+1］作为高 16 位。为避免编号重复，建议将软元件指定为偶数编号。

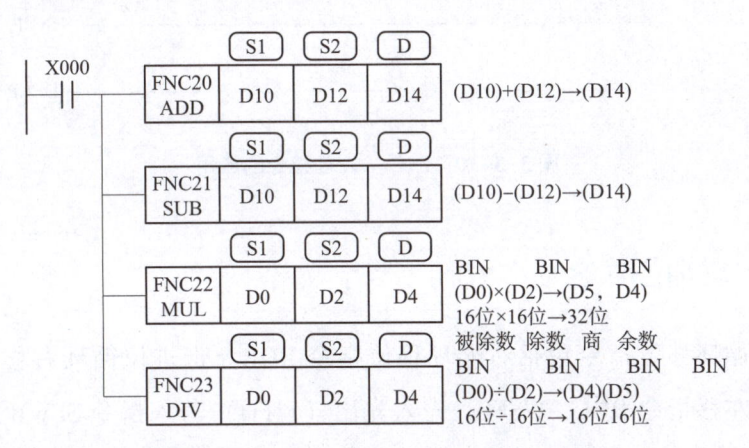

```
X000    S1   S2   D
──┤├──FNC20 D10  D12  D14   (D10)+(D12)→(D14)
       ADD

       S1   S2   D
      FNC21 D10  D12  D14   (D10)−(D12)→(D14)
       SUB

       S1   S2   D            BIN  BIN  BIN
      FNC22 D0   D2   D4    (D0)×(D2)→(D5, D4)
       MUL                    16位×16位→32位

       S1   S2   D           被除数 除数 商 余数
      FNC23 D0   D2   D4      BIN  BIN  BIN  BIN
       DIV                    (D0)÷(D2)→(D4)(D5)
                              16位÷16位→16位16位
```

图 3-3-9　ADD、SUB、MUL、DIV 的应用

减法指令 SUB 将指定的源操作数［S1］、［S2］内的数值进行二进制相减，结果存入目标操作数［D］中。各数据的最高位为符号位，数据以代数形式进行运算。

乘法指令 MUL 将指定的源操作数［S1］、［S2］内的数值进行二进制相乘，结果以 32 位数据形式存入目标操作数［D］（低位）以及紧接其后的操作数［D+1］（高位）中。各数据的最高位为符号位，数据以代数形式进行运算。

除法指令 DIV 将指定的源操作数［S1］（被除数）、［S2］（除数）内的数值进行二进制相除，商送到目标操作数［D］中，余数送到目标操作数的下一个操作数［D+1］中，各数据的最高位为符号位。

2. 二进制递增、递减指令

二进制递增、递减（INC、DEC）指令的助记符、功能编号、操作数见表 3-3-6。

表 3-3-6　INC、DEC 指令的格式

指令名称	助记符	功能编号	操作数 [D]
递增	INC	FNC24	KnY、KnM、KnS、T、C、D、V、Z
递减	DEC	FNC25	

如图 3-3-10 所示，当执行条件 X000＝ON 时，目标操作数［D］中的内容就加 1，标志位不受影响。若是连续执行型指令，每个扫描周期都会执行加 1 运算。递减指令 DEC 的使用与 INC 类似，当 X001＝ON 时，递减指令 DEC 将目标操作数［D］中的内容自动减 1，标志位不受影响。

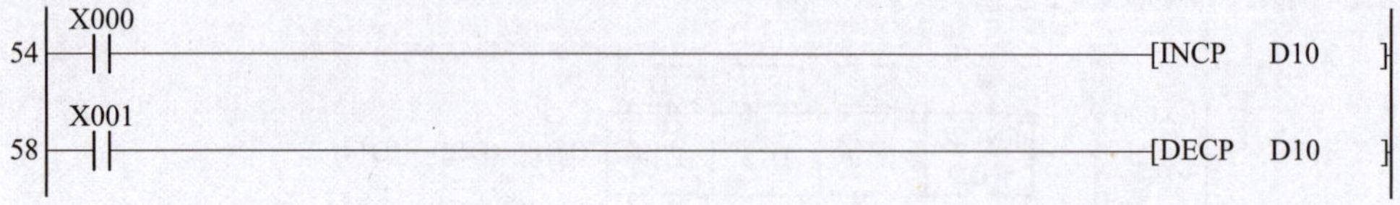

```
54  X000
    ├─┤ ├─────────────────────────────[INCP  D10 ]
58  X001
    ├─┤ ├─────────────────────────────[DECP  D10 ]
```

图 3-3-10 INC、DEC 指令的应用

3.3.5 移位指令

PLC 的循环移位指令包括右循环移位指令 ROR、带进位循环右移指令 RCR、带进位循环左移指令 RCL、WSFL、先入先出（FIFO）写入指令 SFWR、读出指令 SFRD 等，本节主要介绍 ROR、ROL、RCR、RCL、SFTR、SFTL 指令。

1. 右循环移位指令、左循环移位指令

右循环移位指令 ROR、左循环移位指令 ROL 的助记符、功能编号、操作数见表 3-3-7。

表 3-3-7 ROR、ROL 指令的格式

指令名称	助记符	功能编号	操作数 [D]
右循环移位	ROR	FNC30（16/32）	KnY, KnM, KnS, T, C, D, V, Z
左循环移位	ROL	FNC31（16/32）	KnY, KnM, KnS, T, C, D, V, Z

如图 3-3-11（a）所示，当 X000 从 OFF 到 ON 每变化一次时，将进行 4 位循环左位移。循环过程中有进位标志。如果是连续执行型指令，每一个扫描周期都进行循环运算，务必引起注意。如图 3-3-11（b）所示的右循环移位指令应用原理与左循环移位类似，不再赘述。

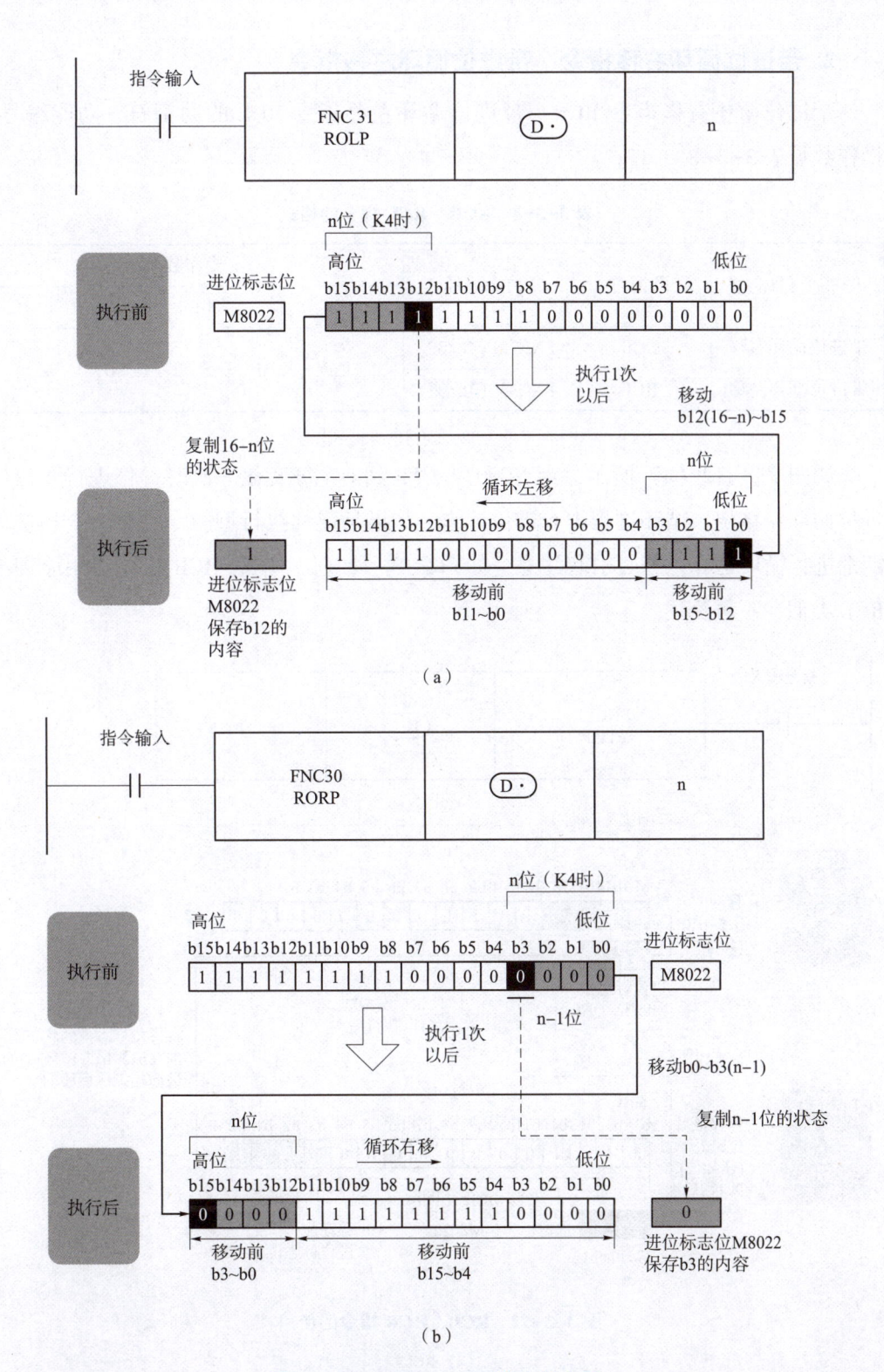

图 3-3-11 ROL、ROR 指令的应用

（a）ROL；（b）ROR

2. 带进位循环右移指令、带进位循环左移指令

带进位循环右移指令 RCR、带进位循环左移指令 RCL 的助记符、功能编号、操作数见表 3-3-8。

表 3-3-8　RCR、RCL 指令的格式

指令名称	助记符	功能编号	操作数 [D]
带进位循环右移	RCR	FNC32（16/32）	KnY, KnM, KnS, T, C, D, V, Z
带进位循环左移	RCL	FNC33（16/32）	

如图 3-3-12（a）所示，当 X000 从 OFF 到 ON 每变化一次时，将进行 4 位带进位循环左移位。循环过程中有进位标志。如果是连续执行型指令，每一个扫描周期都进行循环运算，务必引起注意。如图 3-3-12（b）中的 RCR 指令应用原理与 RCL 类似，不再赘述。

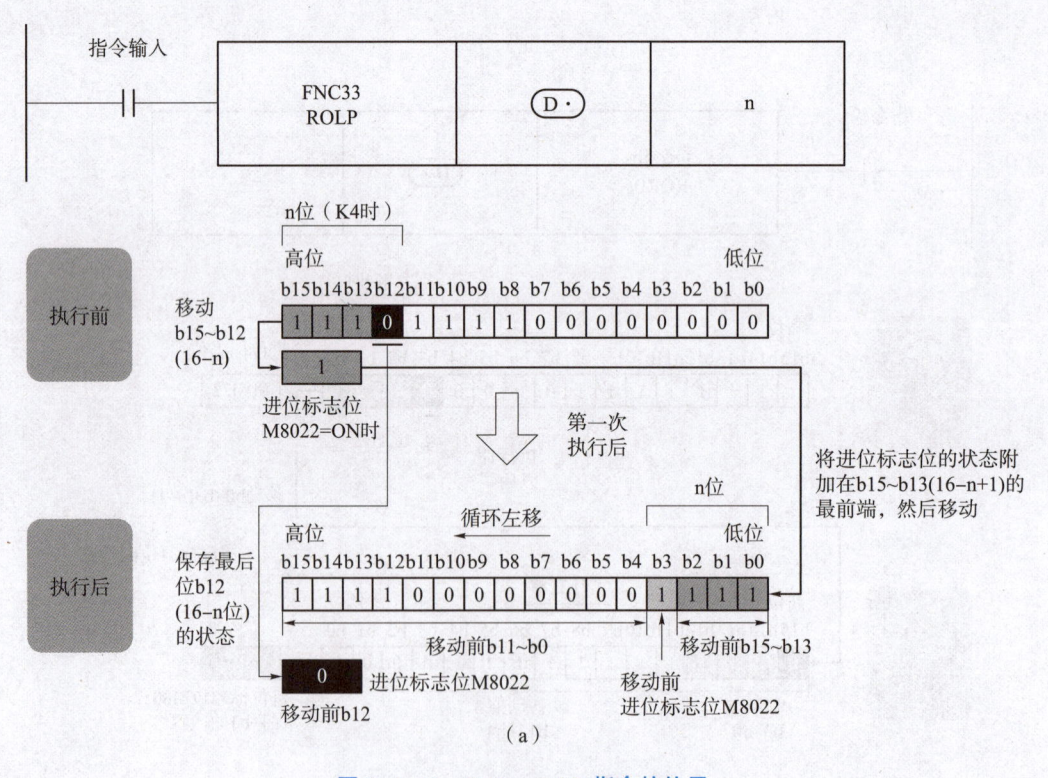

图 3-3-12　RCL、RCR 指令的使用

（a）RCL

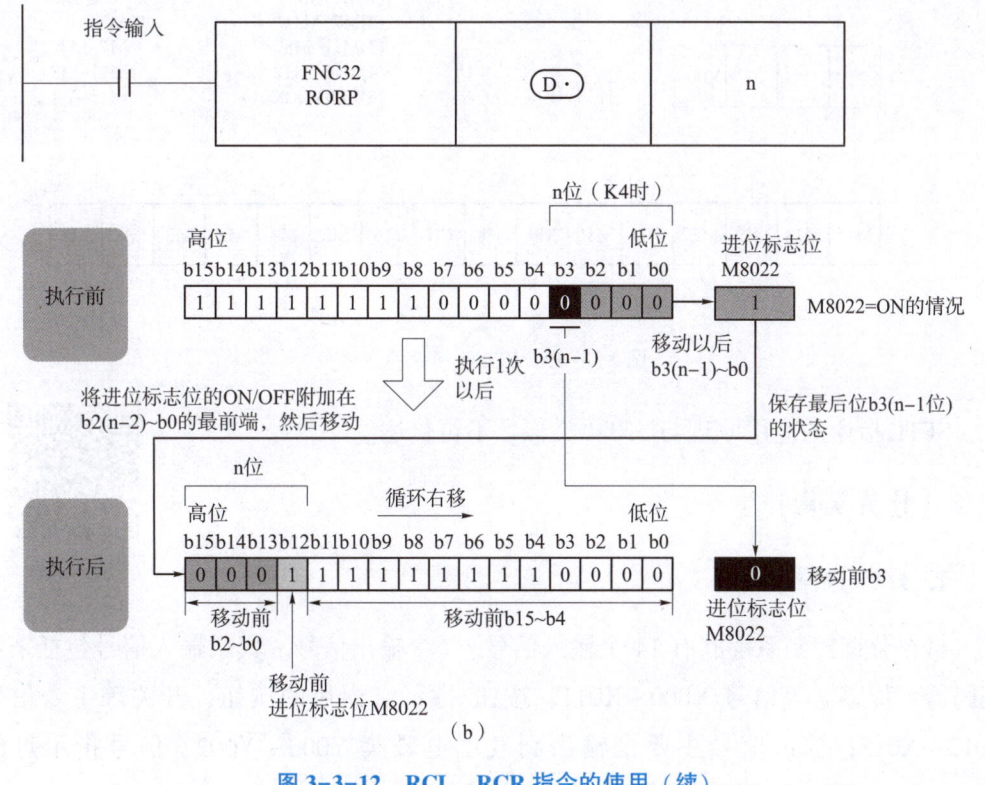

[图：FNC32 RORP 指令梯形图及 RCR 循环右移执行前后位变化示意图]

图 3-3-12　RCL、RCR 指令的使用（续）

(b) RCR

3. 位右移指令、位左移指令

位右移指令 SFTR、位左移指令 SFTL 的助记符、功能编号、操作数见表 3-3-9。

表 3-3-9　SFTR、SFTL 指令的格式

指令名称	助记符	功能编号	操作数 [S]	[D]	n_1、n_2
位右移	SFTR	FNC34（32）	X、Y、M、S	Y、M、S	K、H
位左移	SFTL	FNC35（32）	X、Y、M、S	Y、M、S	K、H

如图 3-3-13 所示，SFTR 指令是用于对 n_1 位的位元件进行 n_2 位右移动的指令（$n_1 \geqslant n_2$），即指令执行时执行 n_2 位的移动。采用脉冲执行型指令时，当 X000 从 OFF 到 ON 每变化一次时，执行 n_2 位的右移动，移动规律如图 3-3-13 所示。如果是连续执行型指令，每一个扫描周期都进行循环运算，务必引起注意。

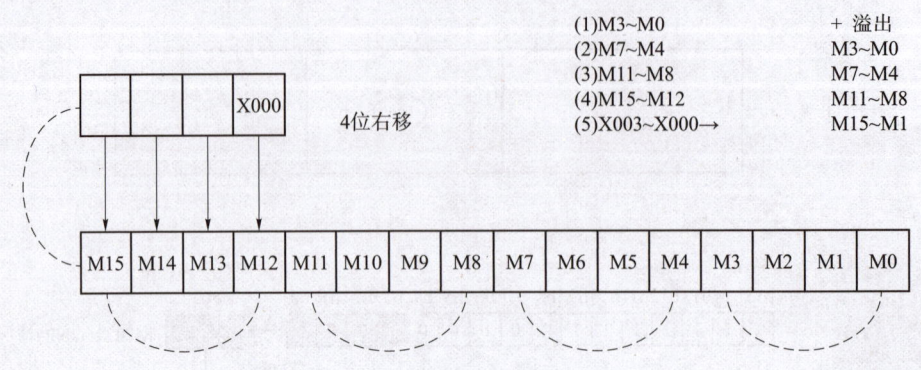

```
                                    (1) M3~M0              + 溢出
                                    (2) M7~M4              M3~M0
    ┌───┬───┬───┬───┐               (3) M11~M8             M7~M4
    │   │   │   │X000│  4位右移      (4) M15~M12            M11~M8
    └───┴───┴───┴───┘               (5) X003~X000→         M15~M1
```

图 3-3-13　SFTR 指令的应用

SFTL 指令的应用原理与 SFTR 类似，不再赘述。

【任务实施】

1. I/O 分配

材料分拣控制系统共有 14 个输入信号、7 个输出信号。其中输入信号包括来自编码器、传感器等信号 X000~X011，按钮/指示灯模块的按钮、开关等主令信号 X012~X015；输出信号主要是输出到气动电磁阀 Y000~Y002、信号指示灯的 Y007~Y011 及电动机接触器线圈 Y014。

基于上述考虑，选用三菱 FX3U-48MR PLC，共 24 点输入、24 点继电器输出。表 3-3-10 给出了 PLC 的 I/O 分配表，I/O 接线原理图如图 3-3-14 所示。

表 3-3-10　材料分拣控制系统 I/O 分配表

输入信号			输出信号	
输入	功能说明	输出		功能说明
编码器	X000	旋转编码器 A 相	YV1	Y000	推杆一电磁阀
SC1	X001	入库检测	YV2	Y001	推杆二电磁阀
SC2	X002	入料口检测	YV3	Y002	旋转气缸电磁阀
SC3	X003	白色物料检测	HL1	Y007	红灯
SC4	X004	黑色物料检测	HL2	Y010	黄灯
SP1	X005	铝制物料检测	HL3	Y011	绿灯
SP2	X006	推杆一伸出到位	KM	Y014	电动机接触器线圈
SP3	X007	推杆二伸出到位			
SP4	X010	旋转气缸旋转到位			
SP5	X011	旋转气缸旋转复位			

续表

输入信号			输出信号	
输入		功能说明	输出	功能说明
SB1	X012	停止按钮		
SB2	X013	复位按钮		
SB3	X014	启动按钮		
QS	X015	急停按钮		

图中输入输出对应关系：

- 旋转编码器A相 — X0
- 入库检测 — X1
- 入料口检测 — X2
- 白色物料检测 — X3
- 黑色物料检测 — X4
- 铝制物料检测 — X5
- 推杆一伸出到位 — X6
- 推杆二伸出到位 — X7
- 旋转气缸旋转到位 — X10
- 旋转气缸旋转复位 — X11
- 停止按钮 — X12
- 复位按钮 — X13
- 启动按钮 — X14
- 急停按钮 — X15

- Y0 — 推杆一电磁阀
- Y1 — 推杆二电磁阀
- Y2 — 旋转气缸电磁阀
- Y7 — 红灯
- Y10 — 黄灯
- Y11 — 绿灯
- Y14 — 电动机接触器线圈

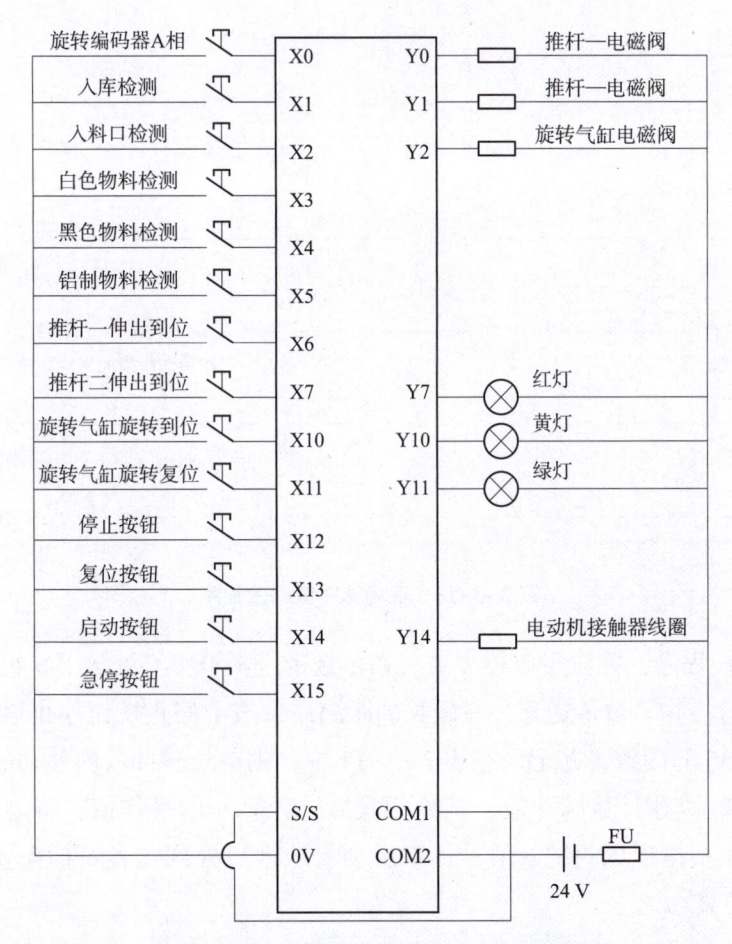

电源：24 V，FU 熔断器，S/S、0V、COM1、COM2

图 3-3-14 材料分拣控制系统 I/O 接线图

2. 程序设计

1）编程思路

材料分拣控制系统中存在两个关键点：物料材质和颜色判别；物料在传送带上准确定位以便于分流。材料和颜色判别可由电感传感器与光纤传感器在传送带上进行检测，而物料在传送带上的准确传送定位则由编码器辅助完成。编码器与异步电动机转轴安装在一起,当电动机带动传送带移动时,编码器将发出一系列的脉冲数,被 PLC 接收后由其内部的高速计数器计算具体脉冲值,若能事先测算出单位脉冲值所走过的距离,即脉冲当量,就能准确测试到从物料入口处到达各个物料槽需要的各个脉冲值。图 3-3-15 所示为现场脉冲值测试程序。

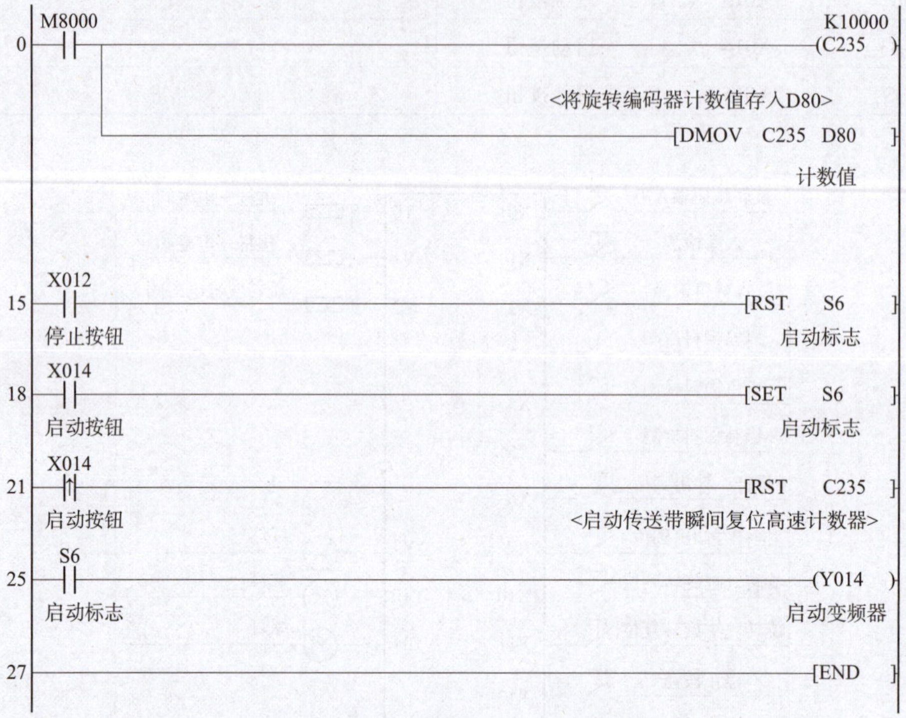

```
          M8000                                              K10000
   0      ├─┤├────────────────────────────────────────────(C235  )
                                          <将旋转编码器计数值存入D80>
                                                     [DMOV  C235  D80]
                                                              计数值

          X012
   15     ├─┤├──────────────────────────────────────────[RST    S6 ]
          停止按钮                                            启动标志
          X014
   18     ├─┤├──────────────────────────────────────────[SET    S6 ]
          启动按钮                                            启动标志
          X014
   21     ├─┤↑├─────────────────────────────────────────[RST   C235]
          启动按钮                       <启动传送带瞬间复位高速计数器>
          S6
   25     ├─┤├───────────────────────────────────────────(Y014  )
          启动标志                                          启动变频器

   27     ─────────────────────────────────────────────────[END ]
```

图 3-3-15　现场脉冲值测试程序

运行 PLC 程序,并置于监控方式。在传送带进料口中心处放下物料后,按启动按钮启动运行。物料被传送到一段较长的距离后,按下停止按钮停止运行。观察监控界面上 C235 的读数,并记录在表 3-3-11 中,则单位脉冲数内移动的距离值 u = 物料移动距离/高速计数脉冲数。试验三次后,计算 u 的平均值,将之作为现场测量值。然后再根据现场测试 u 值,计算出物料从入口处到达各料槽需要的脉冲数,即脉冲数=距离/u。

表 3-3-11　脉冲当量现场测试数据

内容序号	物料移动距离 (测量值)/mm	高速计数脉冲数 (测试值)	单位脉冲数内移动的 距离值 u(计算值)/mm
第一次	112	400	0.280
第二次	260	925	0.281
第三次	335	1 200	0.279

根据图 3-3-16 所示的材料分拣控制系统传送带上从物料入口处到各个位置的距离，可分别算出相应的脉冲数，见表 3-3-12。实际取值可根据传送带运行速度或实际安装紧度，现场输入一些接近理论计算值的数值进行试验，运行 PLC 程序后，开启监视功能，验证物料经过各位置处的实际脉冲数。

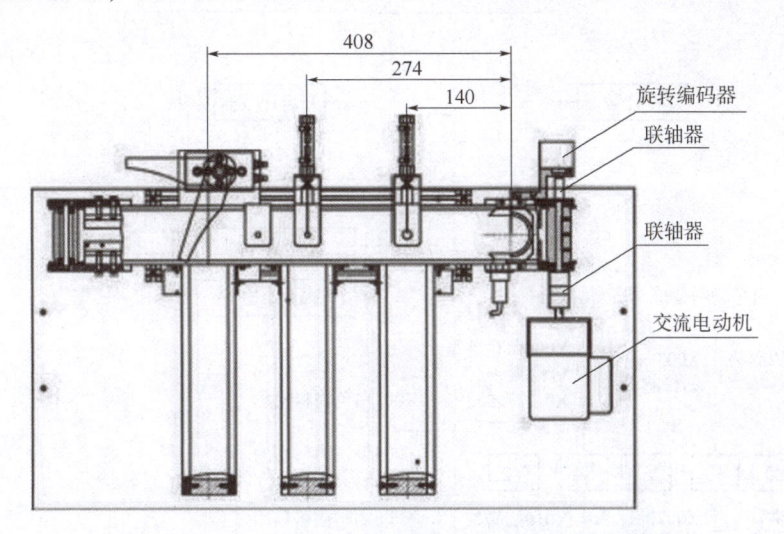

图 3-3-16　材料分拣控制系统传送带位置计算用图

表 3-3-12　传送带上各位置对应的脉冲数

内容分类	入口到料槽 1	入口到料槽 2	入口到料槽 3
理论计算值	500	978	1 457
实际建议值	<500，如 400	<978，如 958	>1 457，如 1 480

当物料传送到对应料槽口时，由于传送带停止时带有微小惯性，为避免该惯性造成的细小误差，停车位置应稍前于入口到料槽 1 位置，即小于 500。对于入口到料槽 2 位置，同理，此处不再赘述。对于入口到料槽 3 的位置，由于此处由旋转气缸倒入料槽 3，所以只有提前根据黑色物体检测信号将旋转气缸导出，等皮带运行一段距离物料入库后，根据脉冲量再停止皮带即可，停车位置应稍后于入口到料槽 3 位置，即大于 1 457，对应的设定数值只需与脉冲采集存储地址 D80 进行比较即可。

2）步进控制流程时序图

材料分拣控制系统步进控制流程时序图如图 3-3-17 所示。

材料分拣过程可用一个步进顺控程序完成，编程思路如下：

（1）上电初始化，复位及开启高速计数器 C235。C235 当前值与传感器位置值的比较采用触点比较指令实现。

PLC原理及应用

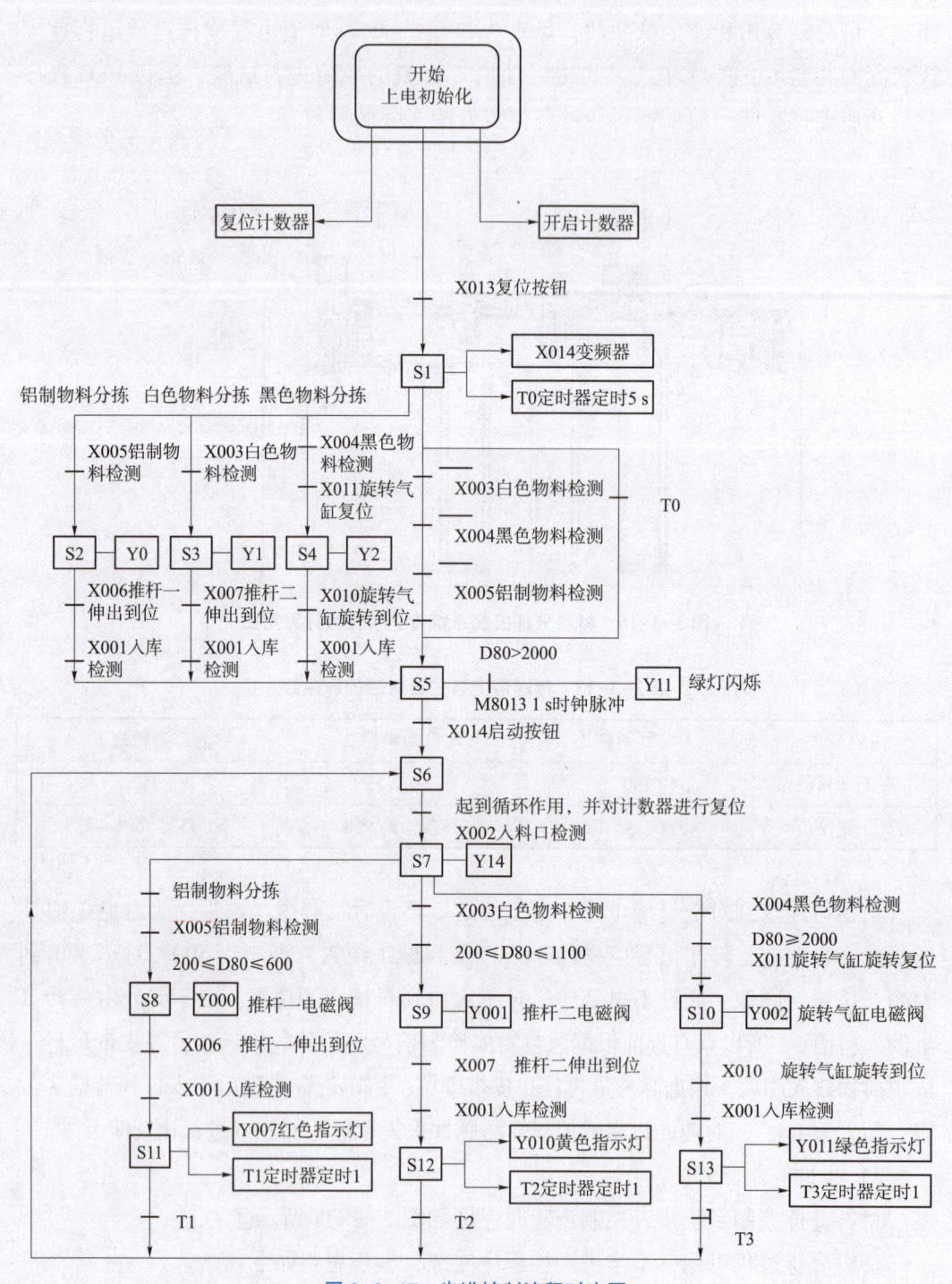

```
          ┌──────────┐
          │   开始   │
          │ 上电初始化│
          └────┬─────┘
         ┌────┴────┐
    ┌────┴───┐  ┌──┴──────┐
    │复位计数器│  │开启计数器│
    └────────┘  └─────────┘
                     │ X013复位按钮
                    ┌┴┐     ┌──────────────┐
                    │S1├────┤X014变频器      │
                    └┬┘     │T0定时器定时5 s │
                            └──────────────┘
```

铝制物料分拣　白色物料分拣　黑色物料分拣

```
 X005铝制物   X003白色物   X004黑色物
 料检测       料检测       料检测
                          X011旋转气
                          缸复位
                                      X003白色物料检测
  ┌──┐┌──┐  ┌──┐┌──┐  ┌──┐┌──┐      X004黑色物料检测    T0
  │S2├┤Y0│  │S3├┤Y1│  │S4├┤Y2│      X005铝制物料检测
  └──┘└──┘  └──┘└──┘  └──┘└──┘
 X006推杆一  X007推杆二  X010旋转气
 伸出到位    伸出到位    缸旋转到位
 X001入库    X001入库    X001入库     D80>2000
 检测        检测        检测
                                  ┌──┐         ┌──────────┐
                                  │S5├─────────┤Y11 绿灯闪烁│
                                  └┬┘         └──────────┘
                                    M8013 1 s时钟脉冲
                                   X014启动按钮
                                  ┌──┐
                                  │S6├  起到循环作用，并对计数器进行复位
                                  └┬┘  X002入料口检测
                                  ┌──┐┌───┐
                                  │S7├┤Y14│
                                  └┬┘└───┘
```

铝制物料分拣　　　　　X003白色物料检测　　　X004黑色物料检测
X005铝制物料检测　　　200≤D80≤1100　　　　D80≥2000
200≤D80≤600　　　　　　　　　　　　　　　　X011旋转气缸旋转复位

```
┌──┐┌────┐        ┌──┐┌────┐         ┌───┐┌────┐
│S8├┤Y000│        │S9├┤Y001│         │S10├┤Y002│ 旋转气缸电磁阀
└──┘└────┘推杆一  └──┘└────┘推杆二   └───┘└────┘
        电磁阀           电磁阀
X006  推杆一伸出到位   X007  推杆二伸出到位    X010 旋转气缸旋转到位
X001入库检测          X001入库检测           X001入库检测

┌───┐┌─────────┐   ┌───┐┌──────────┐    ┌───┐┌──────────┐
│S11├┤Y007红色指示灯│   │S12├┤Y010黄色指示灯│    │S13├┤Y011绿色指示灯│
└───┘│T1定时器定时1│   └───┘│T2定时器定时1 │    └───┘│T3定时器定时1 │
     └─────────┘        └──────────┘         └──────────┘
        T1                    T2                    T3
```

图 3-3-17　步进控制流程时序图

（2）复位过程：当传送带上有物料时，分别为铝制物料、白色物料及黑色物料的分拣，变频器以固定速度启动电动机运转；当传送带上无物料时，传送带空运行5 s或者高速计数器的计数值超过2 000时，电动机停止运行。复位完成后，绿色指示灯以1 Hz的频率闪烁。

（3）启动分拣运行过程：对铝制物料、白色物料、黑色物料进行分拣，传感器与高速计数器双重定位。根据物料属性和分拣任务要求，在相应的推料气缸位置把物料推出或者旋转气缸把物料倒出，并且指示灯红、黄、绿分别对应以上三种物料作为标志亮1 s。气缸返回后，步进顺控子程序返回S6步，循环进行物料的分拣。

（4）状态位输出部分：交流电动机、电磁阀、定时器及指示灯的输出显示。

3）梯形图

具体程序如图3-3-18~图3-3-22所示。

图3-3-18 上电初始化程序

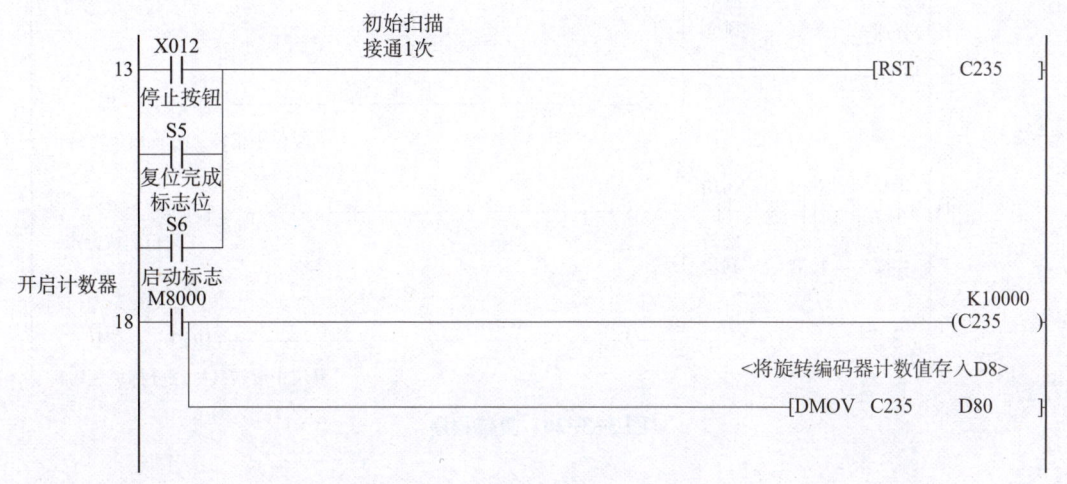

图3-3-19 复位及开启计数器程序

PLC原理及应用

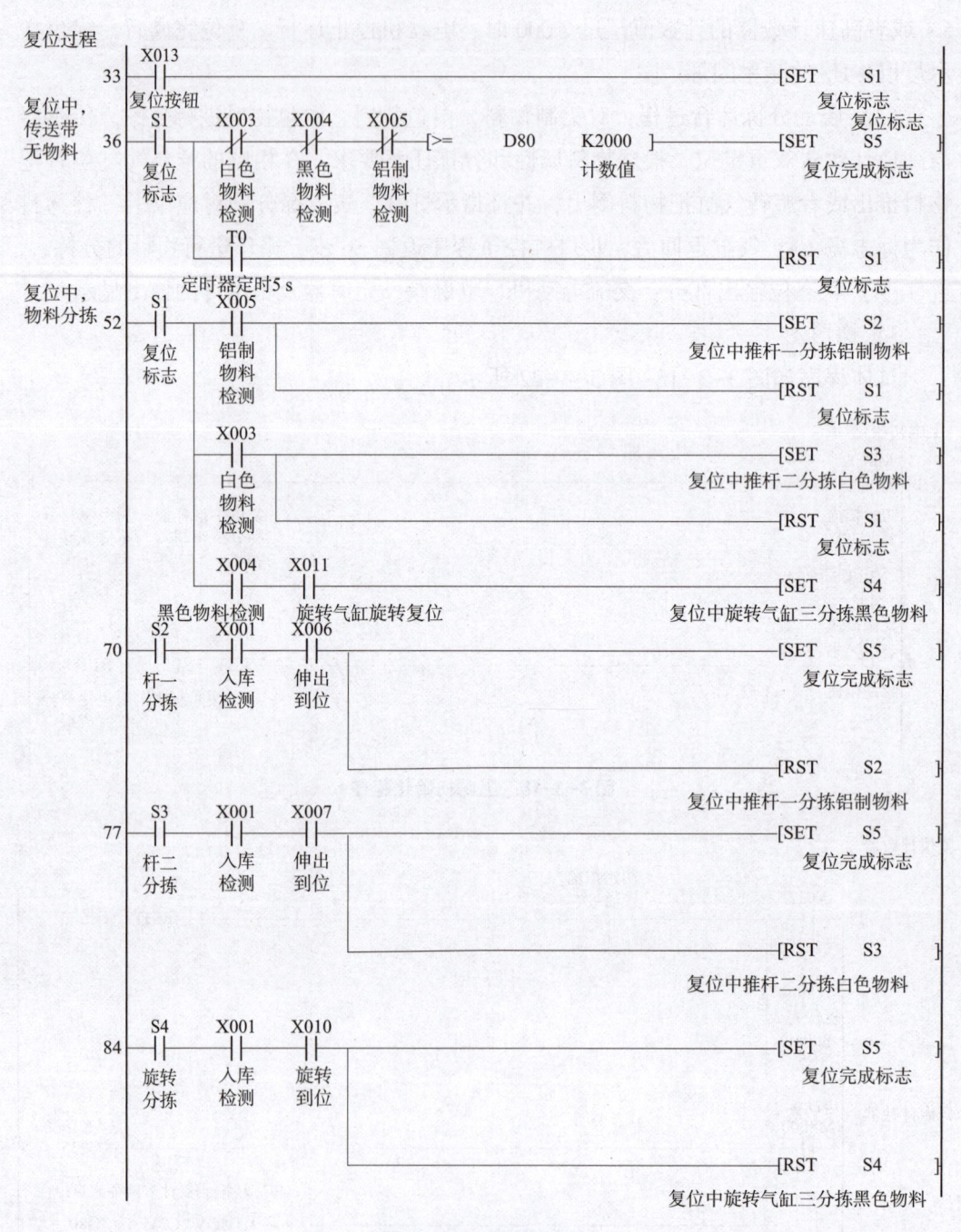

```
复位过程
         X013
    33 ──┤├──────────────────────────────────────────[SET    S1  ]
         复位按钮                                              复位标志
复位中,
传送带      S1    X003   X004   X005
无物料  36 ──┤├───┤/├───┤/├───┤/├──[>=  D80   K2000]──[SET    S5  ]
         复位   白色   黑色   铝制        计数值           复位完成标志
         标志   物料   物料   物料
              检测   检测   检测
               T0
              ──┤├──────────────────────────────────[RST    S1  ]
              定时器定时5 s                                    复位标志

复位中,      S1    X005
物料分拣 52 ──┤├───┤├─────────────────────────────────[SET    S2  ]
         复位   铝制                              复位中推杆一分拣铝制物料
         标志   物料
              检测
                                              ──[RST    S1  ]
                                                      复位标志
               X003
              ──┤├─────────────────────────────────[SET    S3  ]
              白色                              复位中推杆二分拣白色物料
              物料
              检测
                                              ──[RST    S1  ]
                                                      复位标志
               X004   X011
              ──┤├───┤├─────────────────────────────[SET    S4  ]
              黑色物料检测 旋转气缸旋转复位        复位中旋转气缸三分拣黑色物料

         S2    X001   X006
    70 ──┤├───┤├───┤├───────────────────────────────[SET    S5  ]
         杆一   入库   伸出                              复位完成标志
         分拣   检测   到位
                                              ──[RST    S2  ]
                                                复位中推杆一分拣铝制物料

         S3    X001   X007
    77 ──┤├───┤├───┤├───────────────────────────────[SET    S5  ]
         杆二   入库   伸出                              复位完成标志
         分拣   检测   到位
                                              ──[RST    S3  ]
                                                复位中推杆二分拣白色物料

         S4    X001   X010
    84 ──┤├───┤├───┤├───────────────────────────────[SET    S5  ]
         旋转   入库   旋转                              复位完成标志
         分拣   检测   到位
                                              ──[RST    S4  ]
                                              复位中旋转气缸三分拣黑色物料
```

图 3-3-20　复位程序

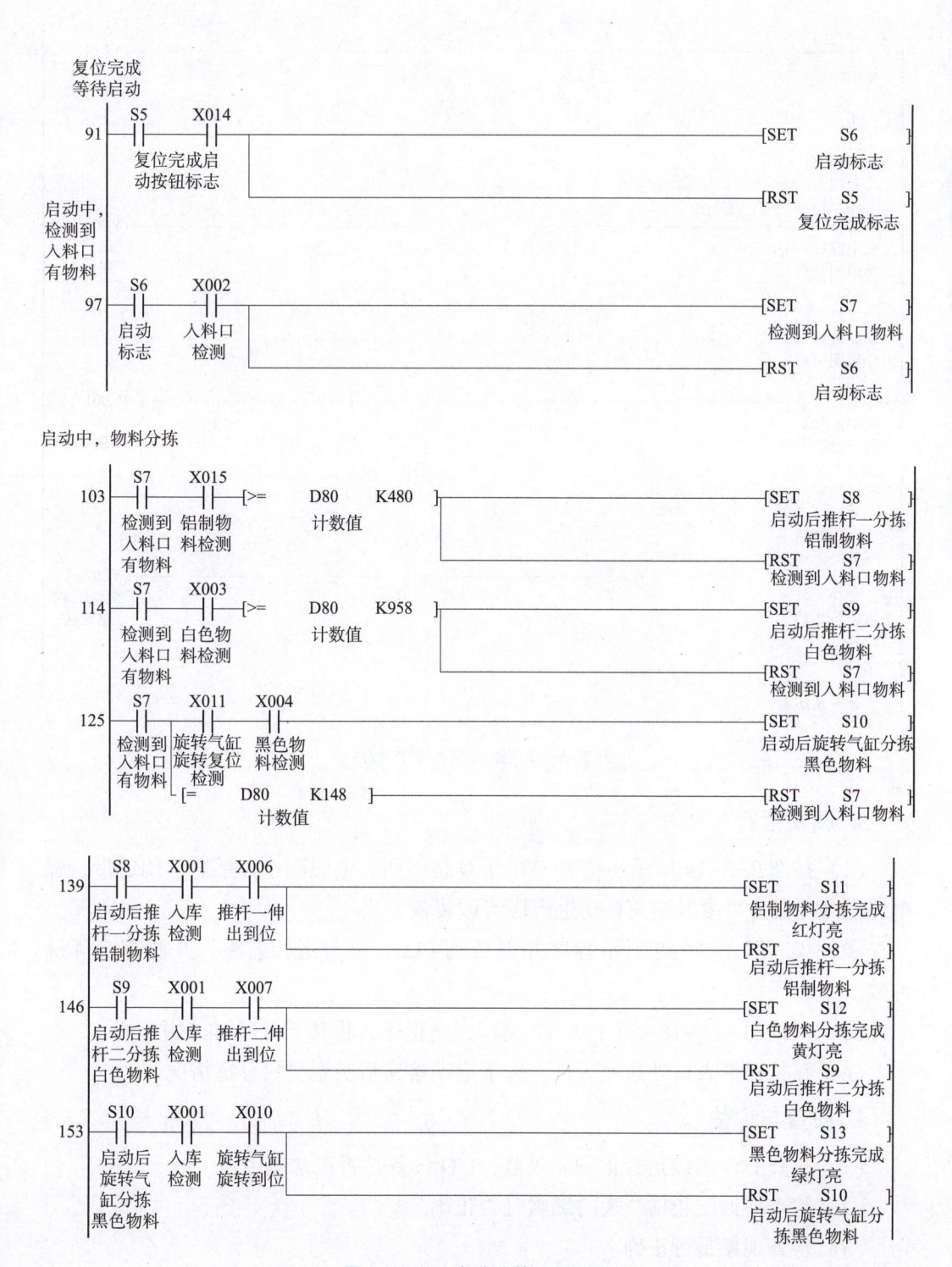

```
       复位完成
       等待启动
         S5      X014
  91 ─────┤├──────┤├──────────────────────────────[SET    S6   ]
       复位完成启                                          启动标志
       动按钮标志
                                                  ─[RST    S5   ]
  启动中,                                                 复位完成标志
  检测到
  入料口
  有物料    S6      X002
  97 ─────┤├──────┤├──────────────────────────────[SET    S7   ]
        启动     入料口                                    检测到入料口物料
        标志     检测
                                                  ─[RST    S6   ]
                                                          启动标志

启动中,物料分拣
         S7     X015
 103 ─────┤├──────┤├──[>=   D80    K480 ]─────────[SET    S8   ]
       检测到  铝制物        计数值                        启动后推杆一分拣
       入料口  料检测                                       铝制物料
       有物料
                                                  ─[RST    S7   ]
                                                          检测到入料口物料
         S7     X003
 114 ─────┤├──────┤├──[>=   D80    K958 ]─────────[SET    S9   ]
       检测到  白色物        计数值                        启动后推杆二分拣
       入料口  料检测                                       白色物料
       有物料
                                                  ─[RST    S7   ]
                                                          检测到入料口物料
         S7     X011    X004
 125 ─────┤├──────┤├──────┤├──────────────────────[SET    S10  ]
       检测到  旋转气缸  黑色物                            启动后旋转气缸分拣
       入料口  旋转复位  料检测                             黑色物料
       有物料  检测
              ─[=    D80    K148 ]
                     计数值
                                                  ─[RST    S7   ]
                                                          检测到入料口物料

         S8     X001    X006
 139 ─────┤├──────┤├──────┤├──────────────────────[SET    S11  ]
       启动后推  入库    推杆一伸                          铝制物料分拣完成
       杆一分拣  检测    出到位                             红灯亮
       铝制物料
                                                  ─[RST    S8   ]
                                                          启动后推杆一分拣
                                                          铝制物料
         S9     X001    X007
 146 ─────┤├──────┤├──────┤├──────────────────────[SET    S12  ]
       启动后推  入库    推杆二伸                          白色物料分拣完成
       杆二分拣  检测    出到位                             黄灯亮
       白色物料
                                                  ─[RST    S9   ]
                                                          启动后推杆二分拣
                                                          白色物料
        S10     X001    X010
 153 ─────┤├──────┤├──────┤├──────────────────────[SET    S13  ]
       启动后   入库    旋转气缸                           黑色物料分拣完成
       旋转气   检测    旋转到位                            绿灯亮
       缸分拣
       黑色物料
                                                  ─[RST    S10  ]
                                                          启动后旋转气缸分
                                                          拣黑色物料
```

图 3-3-21　启动分拣运行程序

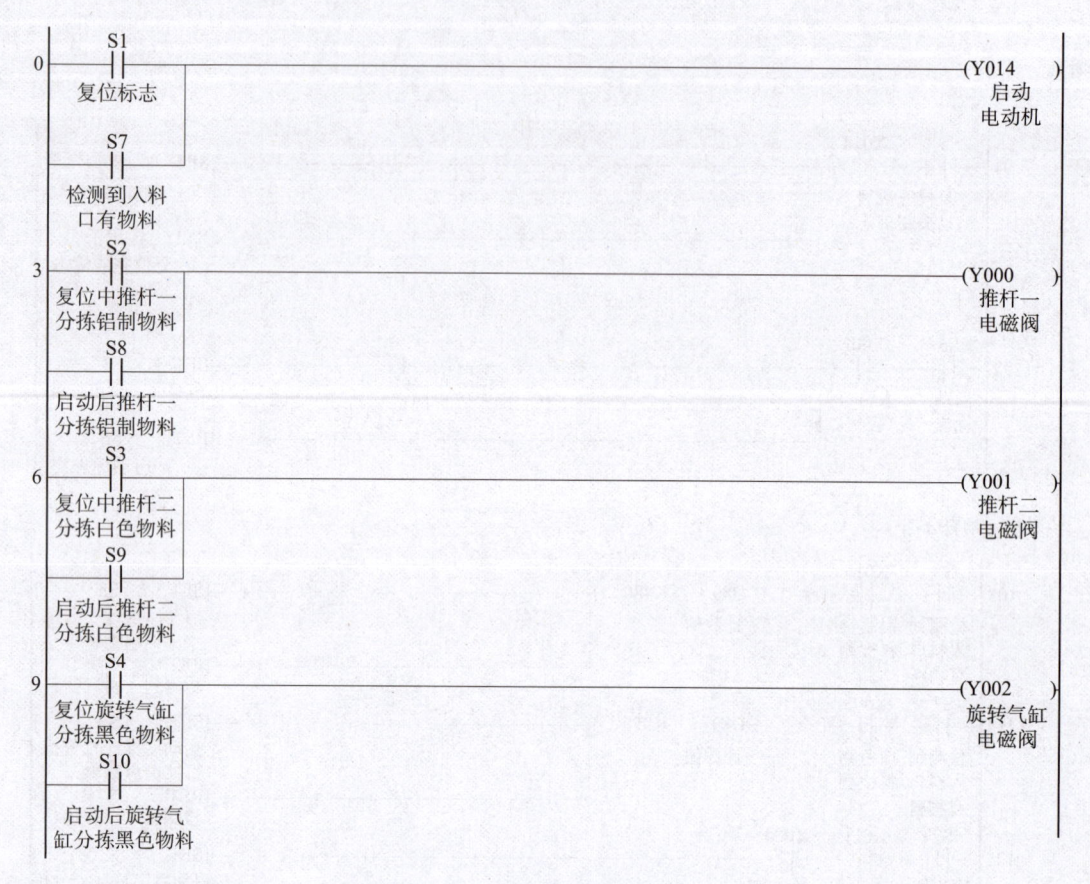

```
 0   S1
   ─┤├──┬────────────────────────────────(Y014)
   复位 │                                  启动
   标志 │                                  电动机
     S7 │
   ─┤├──┘
   检测到入料
   口有物料
     S2
 3 ─┤├──┬────────────────────────────────(Y000)
   复位中推杆一│                           推杆一
   分拣铝制物料│                           电磁阀
     S8 │
   ─┤├──┘
   启动后推杆一
   分拣铝制物料
     S3
 6 ─┤├──┬────────────────────────────────(Y001)
   复位中推杆二│                           推杆二
   分拣白色物料│                           电磁阀
     S9 │
   ─┤├──┘
   启动后推杆二
   分拣白色物料
     S4
 9 ─┤├──┬────────────────────────────────(Y002)
   复位旋转气缸│                           旋转气缸
   分拣黑色物料│                           电磁阀
    S10 │
   ─┤├──┘
   启动后旋转气
   缸分拣黑色物料
```

图 3-3-22 执行机构动作程序

3. 调试运行

（1）按图 3-3-14 所示连接 PLC 的 I/O 接线图，电磁阀、传感器、传送带、光电编码器等实物可参考相关自动生产线实训装备。

（2）编写图 3-3-15 所示程序并下载到 PLC，进行运行监视，并测算实际脉冲数。

（3）根据图 3-3-18～图 3-3-22 编写完整程序，将其下载到 PLC 并运行。

（4）在传送带入口处放上工件，按下启动按钮后观察材料分拣情况。

4. 检查与评估

（1）检查 I/O 接线是否正确、规范，I/O 设备是否正常使用。

（2）检查梯形图和指令表的编辑是否正确。

（3）检查现象是否正确。

【自主练习】

材料分拣控制系统的料槽分流情况更改如下：

假设一个白芯金属工件和一个黑芯金属工件搭配组合成一组套件为第一种套件关系，一个白芯塑料工件和一个黑芯塑料工件搭配组合成一组套件为第二种套件关系。

（1）推入1号料槽的工件应满足第一种套件关系，推入2号料槽的工件应满足第二种套件关系。分拣时不满足上述套件关系的工件被推入3号料槽作为散件。

（2）进入1号料槽或2号料槽工件的总套件数达到指定数量时，一批生产任务完成，系统停止工作。使用四则运算指令修改程序后下载到PLC中调试运行。

任务 3.4　自动化生产线多站通信控制系统设计

【工作任务】

图 3-4-1 所示为由机械手控制站、运料小车控制站、材料分拣控制站三个工作站组成的某自动化生产线，各工作站均设置一台 PLC 承担其控制任务，各 PLC 之间通过 RS-485 串行通信的 N∶N 通信方式实现互连，构成分布式的控制系统。其中运料小车站设为主站，其他两站设为从站。

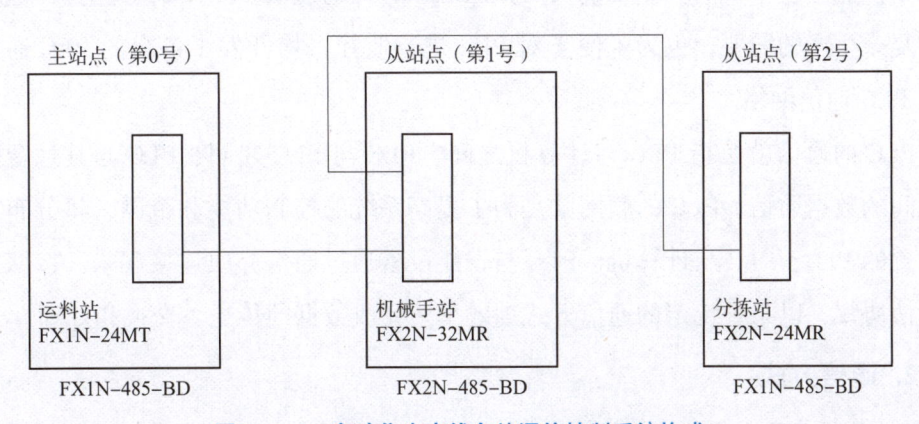

主站点（第0号）　　从站点（第1号）　　从站点（第2号）

运料站　　　　　　机械手站　　　　　　分拣站
FX1N-24MT　　　　FX2N-32MR　　　　FX2N-24MR

FX1N-485-BD　　　FX2N-485-BD　　　FX1N-485-BD

图 3-4-1　自动化生产线多站通信控制系统构成

自动化生产线的工作流程为：

（1）机械手控制站：机械手从工作台 A 上抓取一个圆柱形工件后，向左旋转，将工件放到运料小车上。

（2）运料小车控制站：运料小车检测到工件后，从原点以不小于 300 mm/s 的速度向左精确移动到材料分拣控制站，并将工件放到材料分拣控制站工件检测台上后，自动返回原点。

（3）材料分拣控制站：工件检测台上检测到工件后，完成将不同颜色不同材质的工件自动推入不同的料槽分流的功能。1 号料槽存放白芯金属工件，2 号料槽存放白芯塑料工件，3 号料槽存放黑芯金属和黑芯塑料工件。传送带上的工件被推入相应料槽后，自动化生产线的一个工作周期结束。

自动化生产线上各工作站的控制要求与本项目中前几个任务的内容相同，本任务不再赘述。下面主要介绍自动化生产线上多站通信的相关知识及设置方法与编程举例。

【相关知识】

3.4.1 通信基础

1. 通信系统

随着计算机网络技术的发展，现代企业的自动化程度越来越高。在大型控制系统中，由于控制任务复杂，点数过多，各任务间的数字量、模拟量相互交叉，因而出现了仅靠增强单机的控制功能及点数已难以胜任的现象。所以 PLC 生产厂家为了适应复杂生产的需要，也为了便于对 PLC 进行监控，均开发了各自的 PLC 通信技术及 PLC 通信网络。

PLC 的通信就是指 PLC 与计算机之间、PLC 与 PLC 之间、PLC 与其他智能设备之间的数据通信。PLC 的联网就是为了提高系统的控制功能和范围，将分布在不同位置的 PLC、PLC 与计算机、PLC 与智能设备通过通信介质连接起来，按照规定的通信协议，以某种特定的通信方式高效率地完成数据的传送、交换和处理。

2. 通信方式

1）并行通信和串行通信

（1）并行通信：以字节或字为单位的数据传输方式。除了 8 根或 16 根数据线、

1根公共线外，还需要数据通信联络的控制线。

并行通信传输速度快，但通信线路多、成本高，适合近距离数据高速传送。PLC通信系统中，并行通信方式一般发生在内部各元件之间、主机与扩展模块或近距离智能模板的处理器之间。

（2）串行通信：以二进制位（bit）为单位的数据传输方式，每次传送一位，除了地线外，在一个数据传输方向上只需要一根数据线，既作数据线又作通信联络控制线。

串行通信需要的信号线少，但速度较慢，在长距离数据传送中较为合适。串行通信多用于PLC与计算机、多台PLC之间的数据通信。传输速度是评价通信速度的重要指标。在串行通信中，传输速度通常用比特率表示，单位是比特/秒（bit/s）或bps。常用的标准传输速率有300 bit/s、600 bit/s、1 200 bit/s、2 400 bit/s、4 800 bit/s、9 600 bit/s和19 200 bit/s等。不同的串行通信的传输速率差别极大，有的只有数百 bit/s，有的可达100 Mbit/s。

2）异步方式与同步方式

串行通信数据的传送是一位一位分时进行的。根据串行通信数据传输方式的不同可以分为异步方式和同步方式。

（1）异步方式又称起止方式，异步通信中，数据通常以字符或字节为单位组成字符帧传送。如图3-4-2所示，在发送字符时，要先发送起始位，然后才是字符本身，最后是停止位。字符之后还可以加入奇偶校验位。

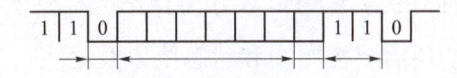

图3-4-2 异步通信的数据格式

异步传送较为简单，但要增加传送位，将影响传输速率，故异步传送多用于低速通信。PLC网络多采用异步方式传送数据。

（2）同步通信以字节为单位传送数据。一次通信只传送一帧信息，包含1~2个同步字符、若干个数据字符和校验字符。同步字符起联络作用，用它来通知接收方开始接收数据。

在同步通信中，发送方和接收方要保持完全的同步。

在近距离通信时，可以在传输线中设置一根时钟信号线。在远距离通信时，可以在数据流中提取同步信号，使接收方与发送方完全相同地接收时钟信号。

同步方式传递数据虽提高了数据的传输速率，但对通信系统要求较高，多用于高速通信。

3. 数据传送方式

在串行通信中，数据通常是在两个站（如终端和微机）之间进行传送，按照数据流的方向可分成三种基本的传送方式：全双工、半双工和单工。单工方式目前已很少采用。

1）全双工方式

当数据的发送和接收分流，分别由两根不同的传输线传送时，通信双方都能在同一时刻进行发送和接收操作，这样的传送方式就是全双工制（Full Duplex），如图 3-4-3 所示。

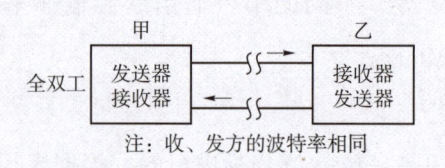

图 3-4-3 全双工通信示意图

在全双工方式下，通信系统的每一端都设置了发送器和接收器，因此，能控制数据同时在两个方向上传送。全双工方式不需要进行方向的切换，因此，没有切换操作所产生的时间延迟，这对那些不能有时间延误的交互式应用（如远程监测和控制系统）十分有利。这种方式要求通信双方均有发送器和接收器，同时需要两根数据线传送数据信号。可能还需要控制线和状态线以及地线。

2）半双工方式

若使用同一根传输线既作接收又作发送，虽然数据可以在两个方向上传送，但通信双方不能同时收发数据，这样的传送方式就是半双工制（Half Duplex），如图 3-4-4 所示。采用半双工方式时，通信系统每一端的发送器和接收器，通过收/发开关转接到通信线上，进行方向的切换，因此，会产生时间延迟。收/发开关实际上是由软件控制的电子开关。

3）单工方式

如果在通信过程的任意时刻，信息只能由一方甲传到另一方乙，则称为单工方式，如图 3-4-5 所示。

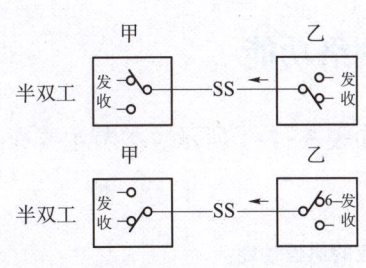

图 3-4-4　半双工通信示意图　　　　图 3-4-5　单工通信示意图

4. 常用通信接口标准

PLC 通信主要采用串行异步通信，其常用的串行通信接口标准有 RS-232C、RS-422A、RS-485。RS-232C 标准（协议）的全称是 EIA-RS-232C 标准，定义是"数据终端设备（DTE）和数据通信设备（DCE）之间串行二进制数据交换接口技术标准"。RS（Recommended Standard）代表推荐标准，232 是标识号，C 代表 RS-232 的最新一次修改。RS-232C 的电气接口使用 25 针连接器或 9 针连接器，采用单端驱动、单端接收的电路，容易受到公共地线上的电位差和外部引入的干扰信号的影响，同时还存在传输速率较低（最高传输速度速率为 20 Kbit/s）、传输距离短（最大通信距离为 15 m）、接口的信号电平值较高、易损坏接口电路的芯片等问题。

RS-422 针对 RS-232C 的不足，EIA 于 1977 年推出了串行通信标准 RS-499，对 RS-232C 的电气特性做了改进，RS-422A 是 RS-499 的子集。由于 RS-422A 采用平衡驱动、差分接收电路，RS-422 在最大传输速率 10 Mbit/s 时，允许的最大通信距离为 12 m。传输速率为 100 Kbit/s 时，最大通信距离为 1 200 m。一台驱动器可以连接 10 台接收器。RS-485 是 RS-422 的变形，RS-422A 是全双工，两对平衡差分信号线分别用于发送和接收，所以采用 RS-422 接口通信时最少需要 4 根线；RS-485 为半双工，只有一对平衡差分信号线，不能同时发送和接收，最少只需两根连线。使用 RS-485 通信接口和双绞线可组成串行通信网络，构成分布式系统，系统最多可连接 128 个站。由于 RS-485 接口具有良好的抗噪声干扰性、高传输速率（10 Mbit/s）、长的传输距离（1 200 m）和多站能力（最多 128 站）等，所以在工业控制中广泛应用。RS-422/RS-485 接口一般采用使用 9 针的 D 型连接器。普通微机一般不配备 RS-422 和 RS-485 接口，但工业控制微机基本上都有配置。

3.4.2 FX 系列 PLC 的 N∶N 网络功能

FX 系列 PLC 支持以下 6 种类型的通信，如表 3-4-1 所示。本节主要介绍 N∶N 网络参数设置方法及编程设计。

表 3-4-1　FX 系列对应的通信功能

CC-Link	功能	对以 MELSEC、QnA、Q 系列 PLC 为主站的 CC-Link 系统而言，FX 系列 PLC 作为远程设备站进行连接；可以构筑以 FX 系列 PLC 为主站的 CC-Link 系统
	用途	生产线的分散控制和集中管理，与上位网络之间的信息交换等
N∶N 网络	功能	可以在 FX 系列 PLC 之间进行简单的数据链接
	用途	生产线的分散控制和集中管理
并联连接	功能	可以在 FX 系列 PLC 之间进行简单的数据链接
	用途	生产线的分散控制和集中管理
计算机连接	功能	可以将计算机等作为主站，FX 系列 PLC 作为从站进行连接，计算机一侧的协议对应"计算机连接协议格式"
	用途	数据的采集和集中管理等
变频器通信	功能	可以通过通信控制三菱变频器 FREQROL
	用途	运行监视、控制值的写入、参数的参考及变更等
无协议通信	功能	可以与具备 RS-232C 或 RS-485 接口的各种设备，以无协议的方式进行数据交换
	用途	与计算机、条形码阅读器、打印机、各种测量仪表之间的数据交换

1. N∶N 网络功能概要

如图 3-4-6 所示，N∶N 网络通信，可用于将最多 8 台 FX 系列 PLC（FX3U、FX3UC、X1N、FX0N 等）通过 RS-485 通信方式连接在一起组成一个小型通信系统，通过软元件进行相互连接实现数据共享，协同工作。N∶N 网络共有三种模式可供选择，分别为模式 0、模式 1 与模式 2，构成的通信系统总延长距离不超过 500 m，若采用 484-BD 通信接口板，最大延伸距离 50 m。整个通信系统中只有一台 PLC 为主站，其他都为从站，可以在主站及所有的从站中对链接信息进行监控。

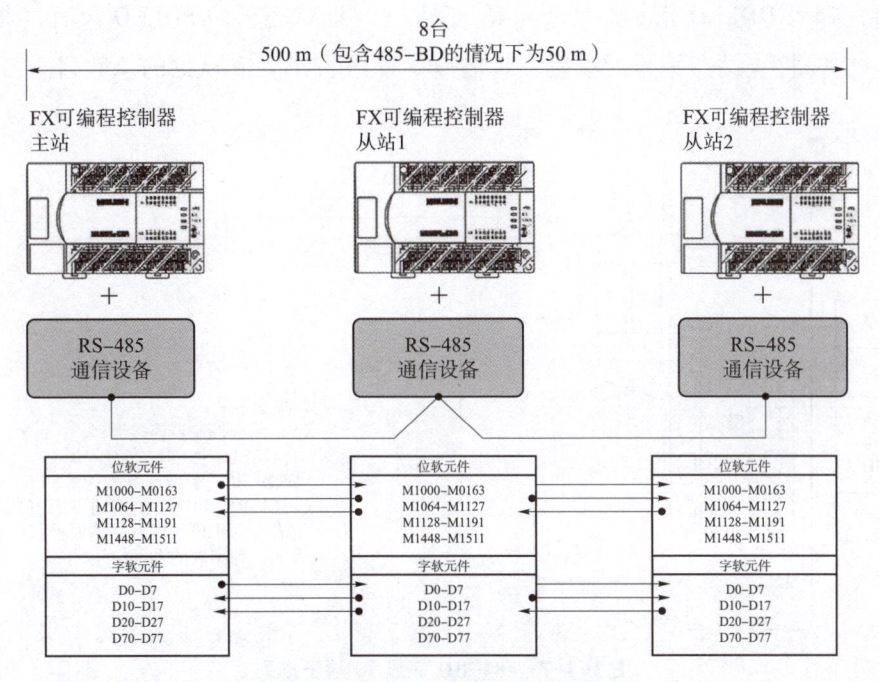

图 3-4-6　N∶N 网络通信系统构成

N∶N 网络的通信协议是固定的：通信方式采用半双工通信，波特率（bps）固定为 38 400 bps；数据长度、奇偶校验、停止位、标题字符、终结字符以及和校验等也均是固定的。

2. N∶N 网络组建

1）安装与接线

最简单的 N∶N 网络构成是在 FX 系列 PLC 上安装相应的 484-BD 通信板，各 PLC 之间用屏蔽双绞线相互连接。484-BD 板端子排列与网络接线方式如图 3-4-7、图 3-4-8 所示。

进行网络连接时应注意：

（1）FX3U-484-BD、FX1N-484-BD、FX3UC-484-ADP、FX3U-484-ADP 接的双绞屏蔽层必须采用 D 类接地。

（2）终端电阻必须设置在线路两端。其中 FX3U-484-BD、FX1N-484-BD 为终端电阻。

（3）如果网络上各站点 PLC 已完成网络参数的设置，则在完成网络连接后，再接通各 PLC 工作电源，可以看到，各站通信板上的 SDLED 和 RDLED 指示灯两者都出现点亮/熄灭交替的闪烁状态，说明 N∶N 网络已经组建成功。

(4) 如果 RDLED 指示灯处于点亮/熄灭的闪烁状态，而 SDLED 没有（根本不亮），这时需检查站点编号的设置、传输速率（波特率）和从站的总数目。

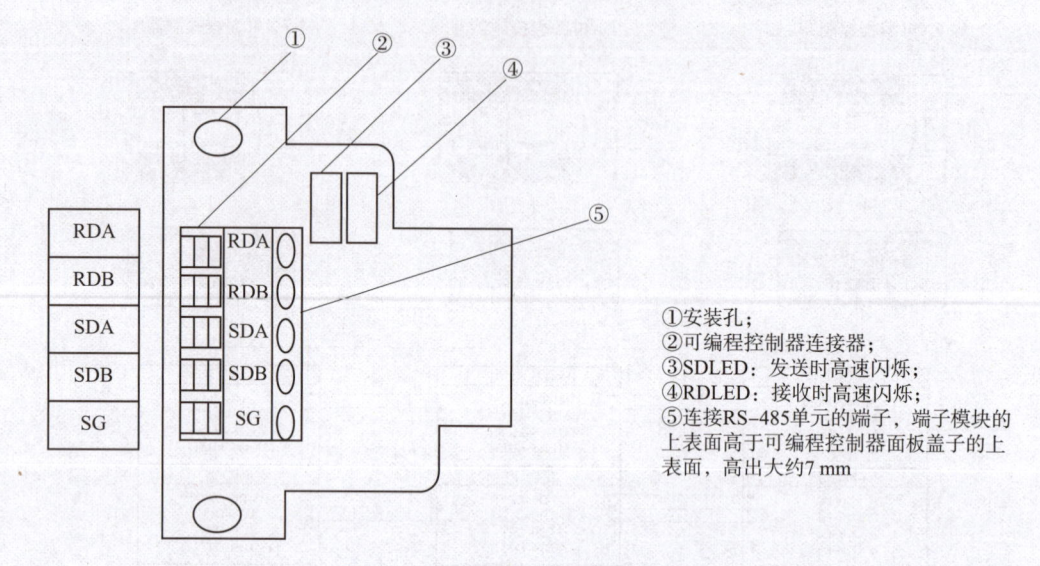

①安装孔；
②可编程控制器连接器；
③SDLED：发送时高速闪烁；
④RDLED：接收时高速闪烁；
⑤连接RS-485单元的端子，端子模块的上表面高于可编程控制器面板盖子的上表面，高出大约7 mm

图 3-4-7　484-BD 板显示/端子排列

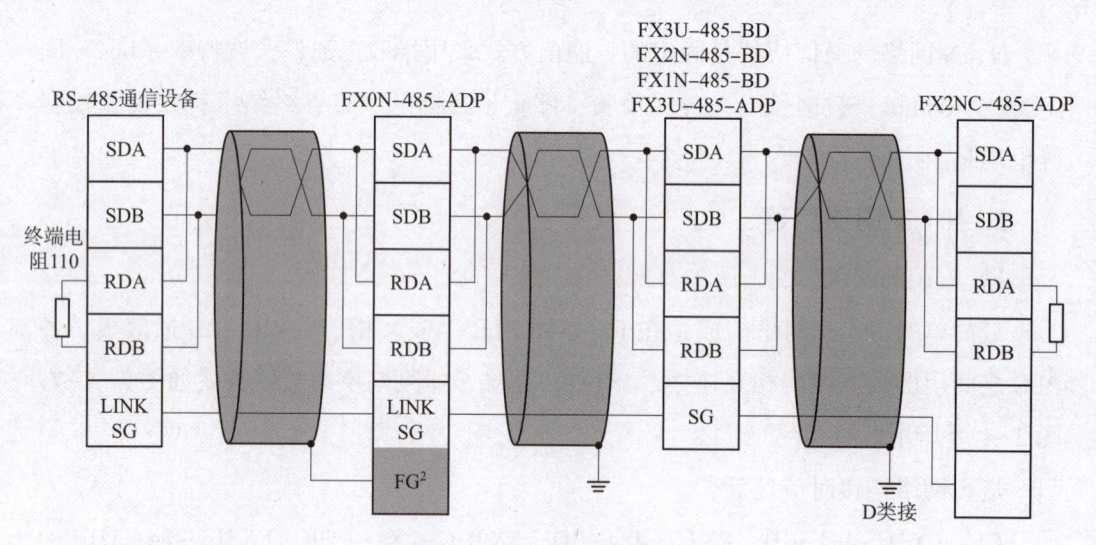

图 3-4-8　PLC 网络连接

2）通信用辅助继电器和数据寄存器

N:N 网络是采用广播方式进行通信的：网络中每一站点都指定一个用特殊辅助继电器和特殊数据寄存器组成的链接存储区，各个站点链接存储区地址编号都是相同的。各站点向自己站点链接存储区中规定的数据发送区写入数据。网络上任何一台 PLC 中的发送区的状态变化会反映到网络中其他的 PLC，因此，通过 PLC 站点链接使得网络中所有 PLC 可以实现数据共享，且所有单元的数据都能同时完成更新。

在组建与使用 N：N 网络时，必须设定相应软元件。通信用辅助继电器和数据寄存器见表 3-4-2 与表 3-4-3。

表 3-4-2 特殊辅助继电器

特性	辅助继电器	名称	描述	响应类型
只读	M8038	N：N 网络参数设置	用来设置 N：N 网络参数	主、从站
只读	M8183	主站点的通信错误	当主站点产生通信错误时 ON	主站
只读	M8184~M8190	从站点的通信错误	当从站点产生通信错误时 ON	主、从站
只读	M8191	数据通信	当与其他站点通信时 ON	主、从站

表 3-4-3 特殊数据寄存器

特性	数据寄存器	名称	描述	响应类型
只读	D8173	站点号	存储它自己的站点号	主、从站
只读	D8174	从站点总数	存储从站点的总数	主、从站
只读	D8175	刷新范围	存储刷新范围	主、从站
只写	D8176	站点号设置	设置它自己的站点号	主、从站
只写	D8177	从站点总数设置	设置从站点总数	主站
只写	D8178	刷新范围设置	设置刷新范围模式号	主站
读/写	D8179	重试次数设置	设置重试次数	主站
读/写	D8180	通信超时设置	设置通信超时	主站

3）刷新模式

N：N 网络共有三种刷新模式可供选择。刷新范围指的是各站点的链接存储区。对于从站点，此设定不需要。根据网络中信息交换的数据量不同，可选择如表 3-4-4 所示三种刷新模式。在每种模式下使用的元件被 N：N 网络所有站点所占用。

表 3-4-4　刷新模式与位、字元件对应表

站点号	模式 0 位软元件（M）	模式 0 字软元件（D）	模式 1 位软元件（M）	模式 1 字软元件（D）	模式 2 位软元件（M）	模式 2 字软元件（D）
	0 点	4 点	32 点	4 点	64 点	4 点
第 0 号	——	D0~D3	M1000~M1031	D0~D3	M1000~M1063	D0~D3
第 1 号	——	D10~D13	M1064~M1095	D10~D13	M1064~M1127	D10~D13
第 2 号	——	D20~D23	M1128~M1159	D20~D23	M1128~M1191	D20~D23
第 3 号	——	D30~D33	M1192~M1223	D30~D33	M1192~M1255	D30~D33
第 4 号	——	D40~D43	M1256~M1287	D40~D43	M1256~M1319	D40~D43
第 5 号	——	D50~D53	M1320~M1351	D50~D53	M1320~M1383	D50~D53
第 6 号	——	D60~D63	M1384~M1415	D60~D63	M1384~M1447	D60~D63
第 7 号	——	D70~D73	M1448~M1479	D70~D73	M1448~M1511	D70~D73

4）网络参数设置

N：N 网络的设置只有在程序运行或 PLC 启动时才有效。

（1）设置站点号（D8176）。必须经过特殊辅助继电器 M8038（N：N 网络参数设置继电器，只读）来设置 N：N 网络参数。对于主站点，用编程方法设置网络参数，就是在程序开始的第 0 步（LDM8038），向特殊数据寄存器 D8176~D8180 写入相应的参数，仅此而已。对于从站点，则更为简单，只需在第 0 步（LDM8038）向 D8176 写入站点号即可。

（2）设置从站个数（D8177）。只能在主站中进行从站个数设置，设置范围为 1~7，默认为 7。

（3）设置刷新范围（D8178）。只能在主站中进行从站个数设置，对于从站点，此设定不需要，设定值为 0、1、2（默认为 0），分别对应模式 0、模式 1、模式 2。

（4）设置重试次数（D8179）。只能在主站中进行从站个数设置，设置范围为 0~10（默认为 3）。对于从站点，此设定不需要。如果一个主站点试图以此重试次数（或更高）与从站通信，此站点将发生通信错误。

（5）设置通信超时值（D8180），设定范围为 5~255（默认为 5），此值乘以 10 ms 就是通信超时的持续驻留时间。该设置仅用于主站。

(6) 对于从站，只需设置该从站站点号即可（D8176）。图 3-4-9 给出了 N∶N 网络主站设置与从站设置程序示例。

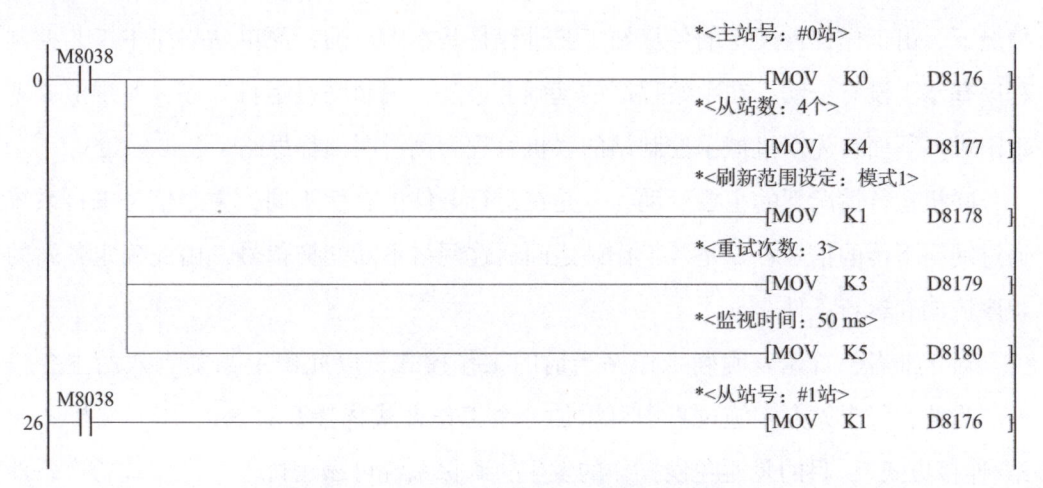

```
                                          *<主站号：#0站>
   M8038
0 ──┤├──────────────────────────[MOV  K0   D8176]
                                          *<从站数：4个>
        ──────────────────────────[MOV  K4   D8177]
                                          *<刷新范围设定：模式1>
        ──────────────────────────[MOV  K1   D8178]
                                          *<重试次数：3>
        ──────────────────────────[MOV  K3   D8179]
                                          *<监视时间：50 ms>
        ──────────────────────────[MOV  K5   D8180]
                                          *<从站号：#1站>
   M8038
26 ──┤├─────────────────────────[MOV  K1   D8176]
```

图 3-4-9　N∶N 网络主从站参数设置程序示例

【任务实施】

在 N∶N 通信系统中，运料小车控制站为主站，站点号设为 0#，机械手控制站设为从站 1#，材料分拣控制站设为从站 2#。由于该系统中各站的控制功能与本项目前几个任务描述未有大变动，所以本任务不再详细分析各单站的程序，而是侧重于整个通信系统的参数设置，以及各站点之间的数据通信。

1. 通信数据设置

通过分析任务书要求可以看到，网络中各站点需要交换信息量并不大，可采用模式 1 的刷新方式。各站通信数据位定义如表 3-4-5 所示。这些数据位分别由各站 PLC 程序写入，全部数据为 N∶N 网络所有站点共享。

表 3-4-5　各站通信数据位定义

主站（0#）		从站 1#		从站 2#	
位地址	数据意义	位地址	数据意义	位地址	数据意义
M1000	全线运行信号	M1064	机械手联机信号	M1128	分拣联机信号
M1001	允许抓取	M1065	卸料完成信号	M1129	分拣完成信号
M1002	允许分拣				
M1003	全线急停				

2. 从站单元控制程序设计

各工作站在单站运行时的编程思路，在前面各任务中均作了介绍。在联机运行情况下，由工作任务规定的各从站工艺过程是基本固定的，原单站程序中工艺控制程序基本上没有变动。在单站程序的基础上修改、编制联机运行程序，实现上并不太困难。下面首先以机械手控制站的联机编程为例说明编程思路。

联机运行情况下的主要变动，一是在运行条件上有所不同，主令信号来自系统通过网络下传的信号；二是各工作站之间通过网络不断交换信号，由此确定各站的程序流向和运行条件。

对于前者，首先需明确工作站当前的工作模式，以此确定当前有效的主令信号。为此在每个站点实施过程中可增加一个工作方式选择开关SA，用于选择"单站/连接方式"，目的是避免误操作的发生，确保系统可靠运行。工作模式切换条件的逻辑判断应在程序开始时进行，图3-4-10是实现这一功能的梯形图。

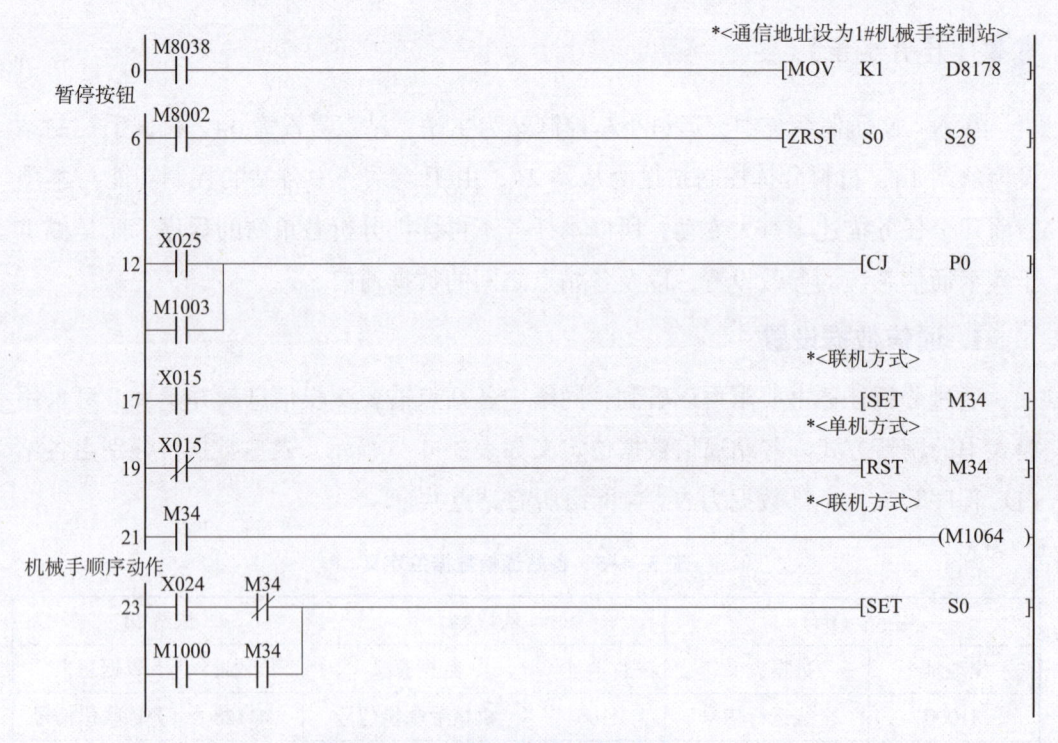

图3-4-10 机械手控制站联机程序（一）

根据当前工作模式，确定当前有效的主令信号（启动、停止等）程序如图3-4-10所示。对于网络信息交换量不大的系统，上述方法是可行的。如果网络信息交换量很大，则可采用另一方法，即专门编写一个通信子程序，主程序在每一扫描周期调用之。这种方法使程序更清晰，更具有可移植性。

对于各工作站之间通过网络不断交换信号，机械手控制站主要是与主站进行数据交换，一是接收 M1001 允许抓取信号，从站开始进入工作流程，完成一周期动作后向主站发出卸货完成信号 M1065，如图 3-4-11 所示。从站其他部分编程与单站工作时相同，不再赘述。

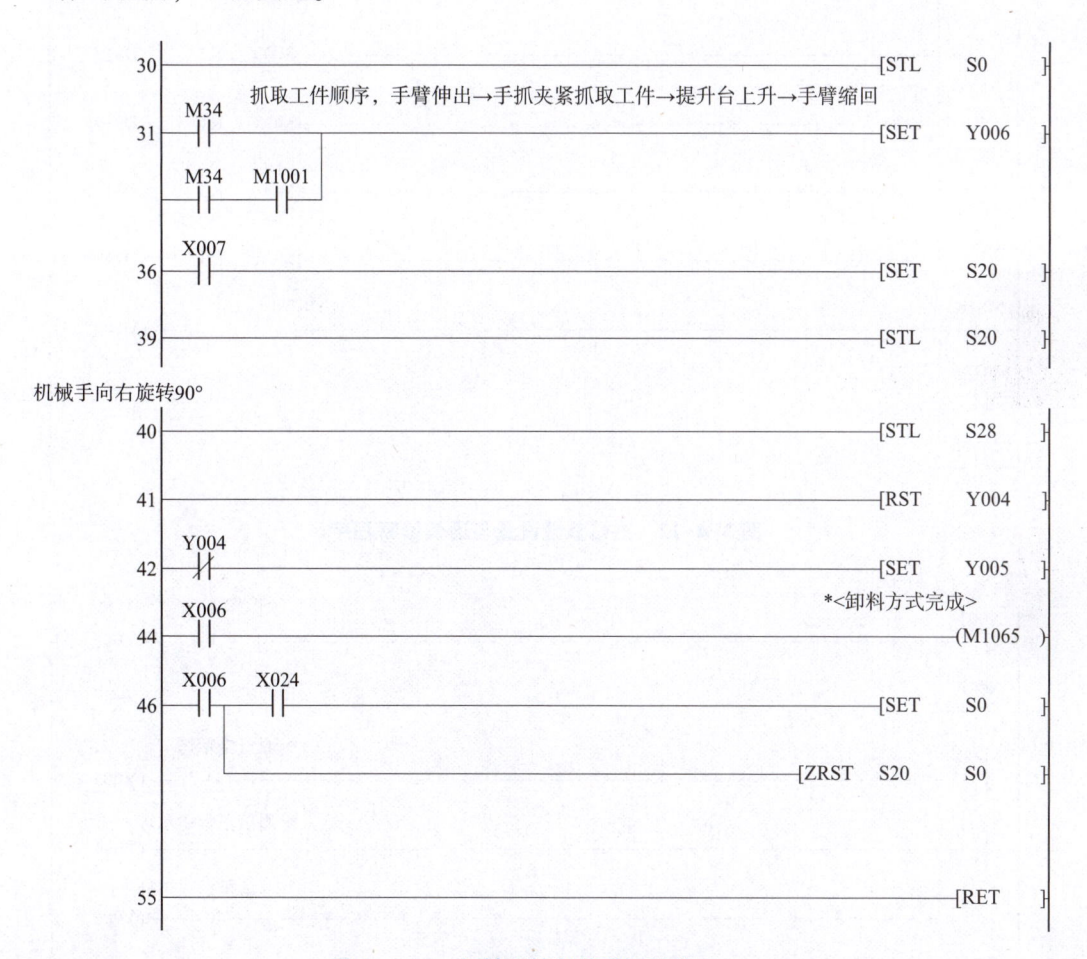

```
30                                                      [STL   S0  ]
     M34       抓取工件顺序，手臂伸出→手抓夹紧抓取工件→提升台上升→手臂缩回
31   ─┤├─                                               [SET   Y006]
     M34   M1001
     ─┤├───┤├─
     X007
36   ─┤├─                                               [SET   S20 ]

39                                                      [STL   S20 ]
机械手向右旋转90°
40                                                      [STL   S28 ]

41                                                      [RST   Y004]
     Y004
42   ─┤/├─                                              [SET   Y005]
     X006                                           *<卸料方式完成>
44   ─┤├─                                               (M1065)
     X006   X024
46   ─┤├─────┤├─                                        [SET   S0  ]
                                                   [ZRST  S20   S0 ]

55                                                              [RET]
```

图 3-4-11 机械手控制站联机程序（二）

分拣从站的编程方法与机械手控制站基本类似，此处不再赘述。建议读者对照各工作站单站例程和联机例程，仔细加以比较和分析。

3. 主站单元控制程序设计

运料小车控制站作为网络中的主站是最为重要同时也是承担任务最为繁重的工作单元。主要体现在：作为网络的主站，要进行大量的网络信息处理；需完成的本单元的联机方式下的工艺生产任务与单运行时略有差异。因此，把输送站的单站控制程序修改为联机控制，工作量要大一些。下面着重讨论编程中应予注意的问题和有关编程思路。

主站控制程序如图 3-4-12~图 3-4-15 所示。

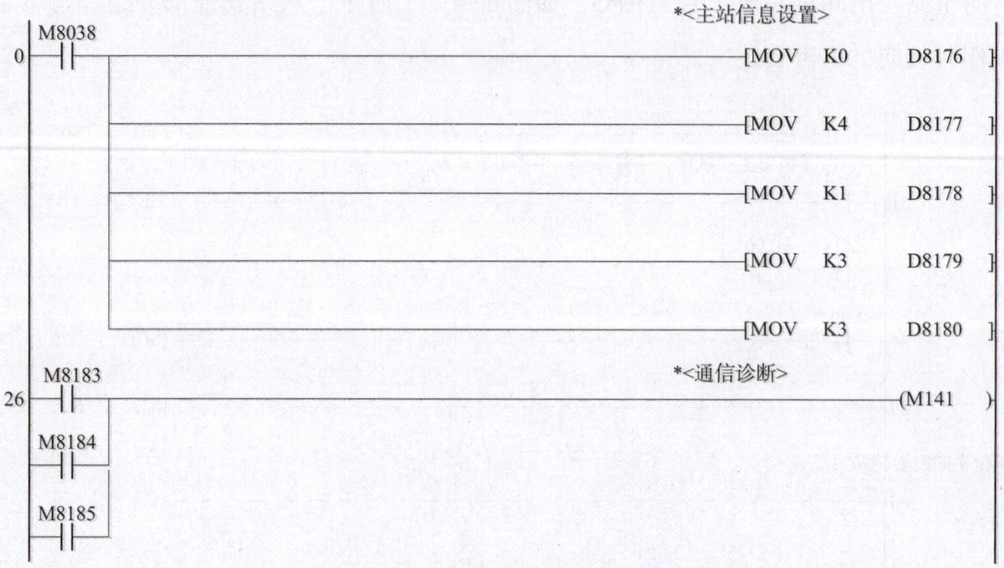

```
                                              *<主站信息设置>
    M8038
0 ──┤├──────────────────────────────[MOV  K0   D8176 ]
                              ──────[MOV  K4   D8177 ]
                              ──────[MOV  K1   D8178 ]
                              ──────[MOV  K3   D8179 ]
                              ──────[MOV  K3   D8180 ]
                                              *<通信诊断>
    M8183
26 ──┤├─────────────────────────────────────────(M141)
    M8184
   ──┤├──
    M8185
   ──┤├──
```

图 3-4-12　主站参数设置与通信诊断程序

```
    X001
30 ──┤├─────────────────────────────────────────(Y006)
    X002
   ──┤├──
                                              *<原点指示灯>
    X000
33 ──┤├─────────────────────────────────────────(Y003)
                                              *<通信正常指示灯>
    X141
35 ──┤├─────────────────────────────────────────(Y001)
                                              *<通信错误指示灯>
   ──────────────────────────────────────────────(Y002)
```

图 3-4-13　指示灯显示程序

指示灯显示程序增加通信诊断指示灯，以便于网络通信检查。

4. 调试运行

（1）连接 PLC 的 I/O 接线图，电磁阀、传感器等实物可参考相关自动生产线实训装备。

（2）根据图 3-4-10~图 3-4-15 所示程序编写完整的通信程序，将之下载到 PLC 并运行、监视。

（3）材料分拣站按下复位按钮后，按下启动按钮，观察全线运行情况。

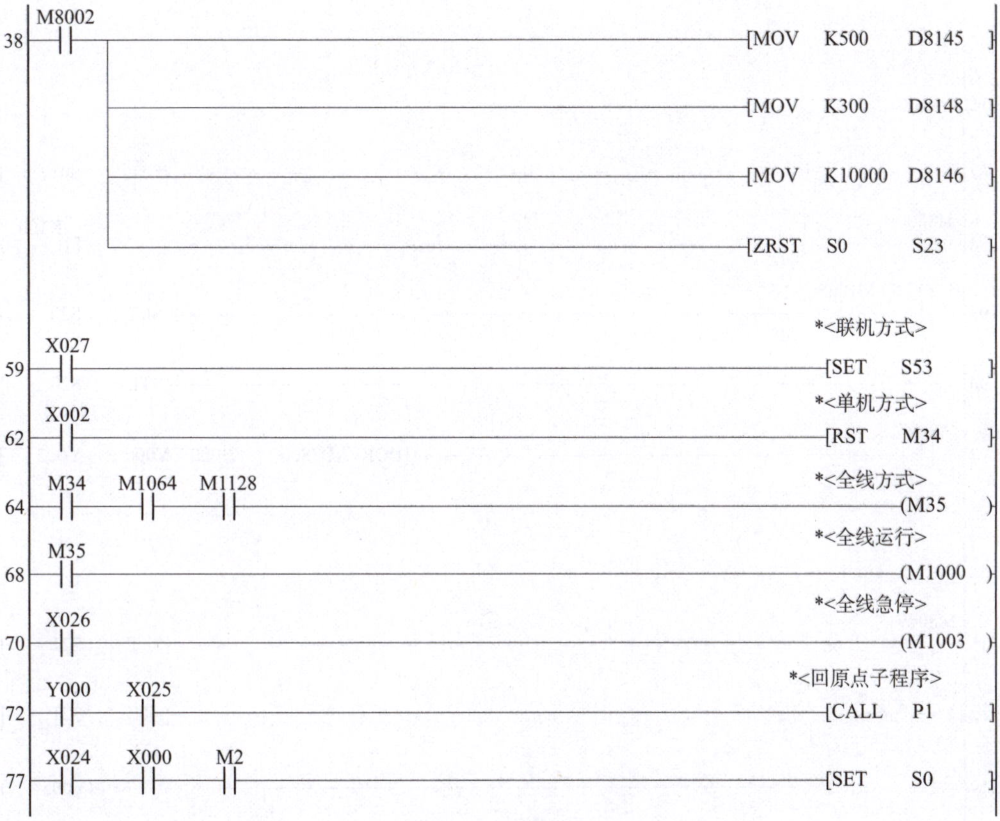

```
     M8002
38 ──┤├──┬──────────────────────────────[MOV   K500    D8145]
         │
         ├──────────────────────────────[MOV   K300    D8148]
         │
         ├──────────────────────────────[MOV   K10000  D8146]
         │
         └──────────────────────────────[ZRST  S0      S23  ]

                                         *<联机方式>
     X027
59 ──┤├────────────────────────────────────────[SET    S53]

                                         *<单机方式>
     X002
62 ──┤├────────────────────────────────────────[RST    M34]

                                         *<全线方式>
     M34   M1064  M1128
64 ──┤├────┤├─────┤├───────────────────────────────(M35)

                                         *<全线运行>
     M35
68 ──┤├──────────────────────────────────────────(M1000)

                                         *<全线急停>
     X026
70 ──┤├──────────────────────────────────────────(M1003)

                                         *<回原点子程序>
     Y000  X025
72 ──┤├────┤├──────────────────────────────────[CALL   P1]

     X024  X000   M2
77 ──┤├────┤├─────┤├───────────────────────────[SET    S0]
```

图 3-4-14　网络初始化与启动程序

5. 检查与评估

（1）检查 I/O 接线是否正确、规范，I/O 设备是否正常使用。

（2）检查梯形图和指令表的编辑是否正确。

（3）检查现象是否正确。

6. 任务要求

供料站、加工站、装配站、分拣站、输送站的 PLC（共 5 台）用 FX3U-484-BD 通信板连接，以输送站作为主站，站号为 0，供料站、加工站、装配站、分拣站作为从站，站号分别为供料站 1 号、加工站 2 号、装配站 3 号、分拣站 4 号。功能如下：

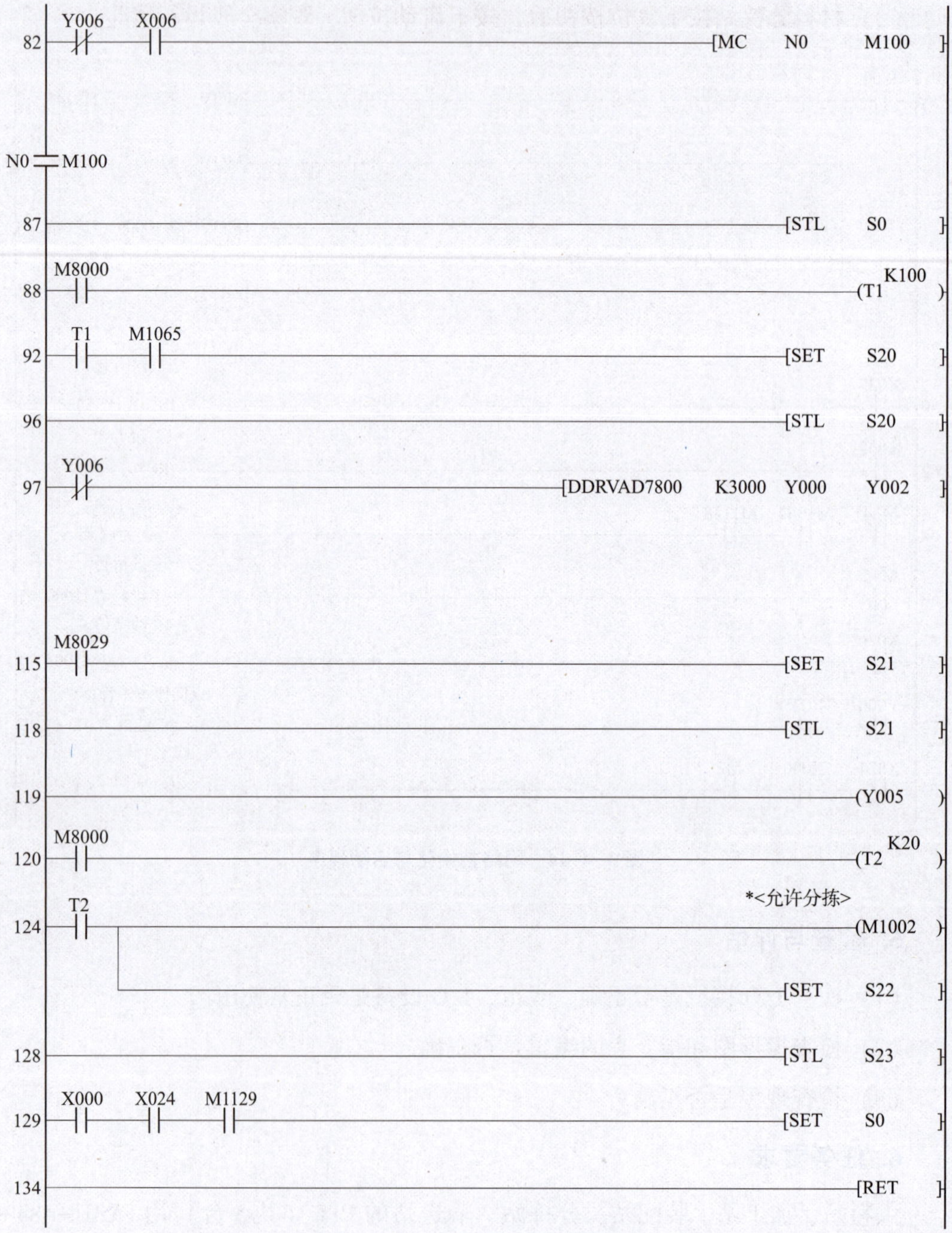

```
 82 ──┤/├──┤ ├─────────────────────────────[MC    N0    M100]
       Y006  X006

 N0──┤┤──M100

 87 ─────────────────────────────────────────[STL   S0]

 88 ──┤ ├────────────────────────────────────(T1   K100)
       M8000

 92 ──┤ ├──┤ ├───────────────────────────────[SET   S20]
       T1   M1065

 96 ─────────────────────────────────────────[STL   S20]

 97 ──┤/├──────────────[DDRVA D7800  K3000  Y000  Y002]
       Y006

115 ──┤ ├────────────────────────────────────[SET   S21]
       M8029

118 ─────────────────────────────────────────[STL   S21]

119 ─────────────────────────────────────────(Y005)

120 ──┤ ├────────────────────────────────────(T2   K20)
       M8000
                                              *<允许分拣>
124 ──┤ ├────────────────────────────────────(M1002)
       T2
      └──────────────────────────────────────[SET   S22]

128 ─────────────────────────────────────────[STL   S23]

129 ──┤ ├──┤ ├──┤ ├──────────────────────────[SET   S0]
      X000 X024 M1129

134 ─────────────────────────────────────────[RET]
```

图 3-4-15　主从站数据交换程序

（1）当 0 号站的 X001~X004 分别对应 1 号站~4 号站的 Y000（注：当网络工作正常时，按下 0 号站 X001，则 1 号站的 Y000 输出，依次类推）。

（2）当 1 号站~4 号站的 D200 的值等于 50 时，对应 0 号站的 Y001、Y002、Y003、Y004 输出。

（3）从 1 号站读取 4 号站的 D220 的值，保存到 1 号站的 D220 中。

7. 连接网络并编写、调试程序

连接好通信口，编写主站程序和从站程序，在编程软件中进行监控，改变相关输入点和数据寄存器的状态，观察不同站的相关量的变化，看现象是否符合任务要求，如果符合说明完成任务，不符合则检查硬件和软件是否正确，修改重新调试，直到满足要求为止。

项目 4　变频器、模拟量模块与触摸屏简介

学习情境

通过本单元的学习，掌握 PLC 与变频器、模拟量输入/输出模块、触摸屏之间的连接与编程方法，培养学生的软件设计、整机调试等自主学习能力和多种知识、多种技能的综合能力。

一、教学目的

1. 掌握变频器的接线方式、参数设置；

2. 掌握 FX0N-3A 模拟量输入/输出的使用方法及对变频器的操作；

3. 学习触摸屏相关知识，掌握触摸屏的简单应用；

4. 能够根据任务要求，熟练使用 MCGS 组态软件设计触摸屏界面，以及触摸屏与 PLC 的联机调试运行；

5. 引导学生对网络行为作出正确决策，学会保护自己的隐私安全；

6. 培养学生的判断力，学会包容他人。

二、教学内容

1. 三菱 FR-E740 变频器的安装与接线方式、面板设置、常用参数设置；

2. FX0N-3A、FX3U-2AD、FX3U-2DA 等模拟量输入/输出模块的性能指标、接线和编程；

3. 触摸屏的概念及特点、触摸屏的组态方法与步骤、PLC 组态程序。

三、教学重点

1. 变频器的接线与参数设置；
2. FX0N-3A 的性能、BFM 分配以及对变频器的模拟量控制；
3. 触摸屏组态设计。

四、教学难点

1. 变频器模拟量控制；
2. FROM 与 TO 指令应用；
3. 触摸屏组态过程及 PLC 组态程序设计。

任务 4.1　三菱 FR-E740 变频器简介

【工作任务】

如任务 3.3 所述，当传送带检测到工件时，三相异步电动机将驱动传送带运行，完成对黑色物料、白色物料、金属物料的分拣。为了在分拣时准确推出工件，要求使用旋转编码器做定位检测，并且工件材料和颜色属性应在推料气缸前的适当位置被检测出来。

现要求当传送带入料口人工放下已装配的工件时，变频器即启动，驱动传动电动机以 30 Hz 的固定频率速度，把工件带往分拣区进行准确分拣。

【相关知识】

三相电动机是传动机构的主要部分，电动机转速的快慢由变频器来控制，其作用是带动传送带从而输送物料。下面介绍三菱变频器的相关知识。

三菱变频器全称为"三菱交流变频调速器"，主要用于三相交流异步电动机转速的控制和调节。当电动机的工作电流频率低于 50 Hz 时，会节省电能，因此变频器是国家提倡推广的节能产品之一。

三菱变频器来到中国已有 20 多年的历史，现在市场上主要使用的有以下系列：

（1）通用高性能 FR-A740（3P380V）、FR-A720（3P220V）；

（2）轻载节能型 FR-F740（3P380V）、FR-F720（3P220V）；

（3）简易通用型 FR-S540E（3P380V）、FR-S520SE（1P220V）、FR-S520SE（3P220V）（由日本生产）；

（4）经济通用型 FR-E540（3P380V）、FR-S520SE（1P220V）、FR-S520SE（3P220V）。

三菱变频器目前在市场上用量最多的就是 A500 系列以及 E500 系列，A500 系列为通用型变频器，适用于高启动转矩和高动态响应场合；而 E500 系列则适用于功能要求简单、对动态性能要求较低的场合，且价格较有优势。

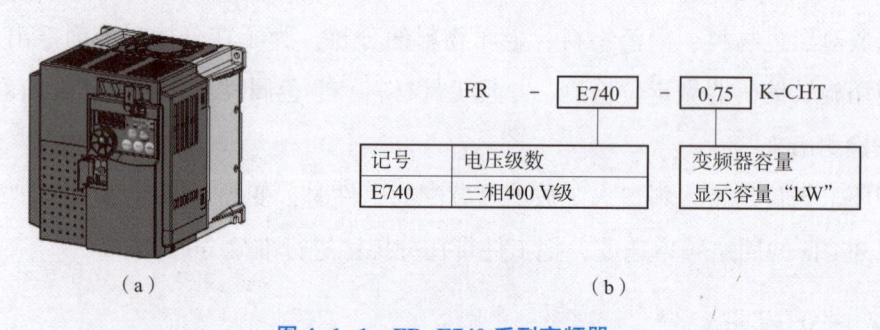

4.1.1　FR-E740 系列变频器的安装和接线

FR-E740 系列变频器的外观和型号定义如图 4-1-1 所示。

FR-E740 系列变频器是 FR-E500 系列变频器的升级产品，是一种小型、高性能变频器。三菱 FR-E740 系列变频器中的 FR-E740-0.75K-CHT 型变频器，额定电压等级为三相 400 V，适用于容量为 0.75 kW 及以下的电动机。

本任务侧重于讲解使用通用变频器所必需的基本知识和技能，着重于变频器的接线、常用参数的设置等方面。

（a）　　　　　　　　　　（b）

图 4-1-1　FR-E740 系列变频器

（a）FR-E740 变频器外观；（b）变频器型号定义

1. FR-E740 系列变频器主电路接线与端子

FR-E740 系列变频器主电路的通用接线如图 4-1-2 所示，主电路端子的端子排列与电源、电动机的接线如图 4-1-3 所示。

注意，进行主电路接线时，应确保输入、输出端不能接错，即电源线必须连接至 R/L1、S/L2、T/L3，FR-E740 绝对不能接 U、V、W，否则会损坏变频器。

FR-E740 系列变频器主电路端子规格如表 4-1-1 所示。

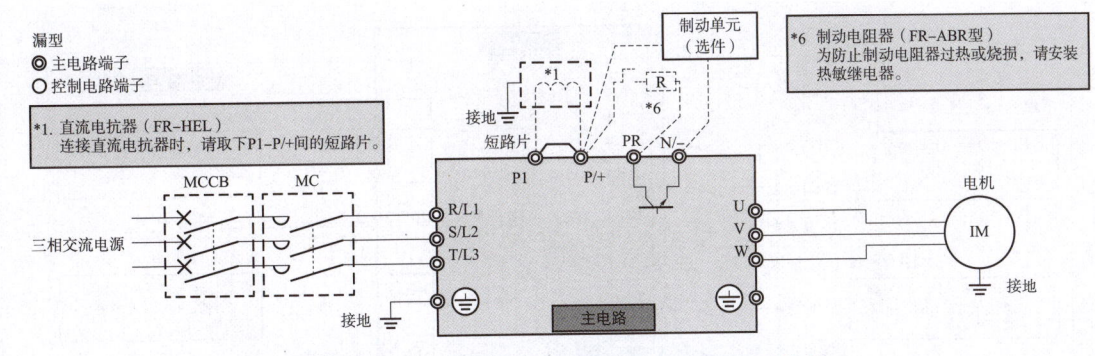

图 4-1-2　FR-E740 系列变频器主电路的通用接线

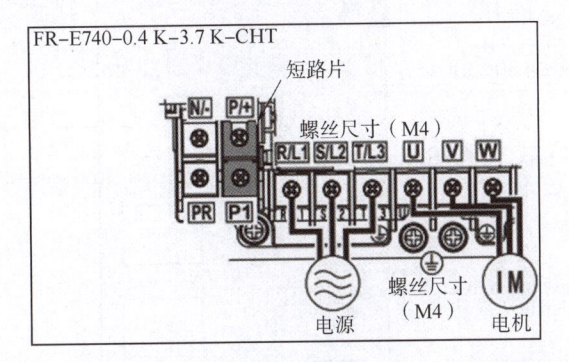

图 4-1-3　主电路端子的端子排列与电源、电动机的接线

表 4-1-1　主电路端子规格

端子记号	端子名称	端子功能说明
R/L1、S/L2、T/L3	交流电源输入	连接工频电源。当使用高功率因数变流器（FR-HC）及共直流母线变流器（FR-CV）时不要连接任何东西
U、V、W	变频器输出	连接三相笼型电动机
P/+、PR	制动电阻器	连接在端子 P/+-PR 间的制动电阻器（FR-ABR）
P/+、N/-	制动单元连接	连接制动单元（FR-BU2）、共直流母线变流器（FR-CV）以及高功率因数变流器（FR-HC）
P/+、P1	直流电抗器	拆下端子 P/+-P1 间的短路片，连接直流电抗器
⏚	接地变频器机架接地用	必须接大地

2. FR-E740

FR-E740 系列变频器控制电路的接线、控制电路端子的端子排列分别如图 4-1-4 和图 4-1-5 所示。

PLC原理及应用

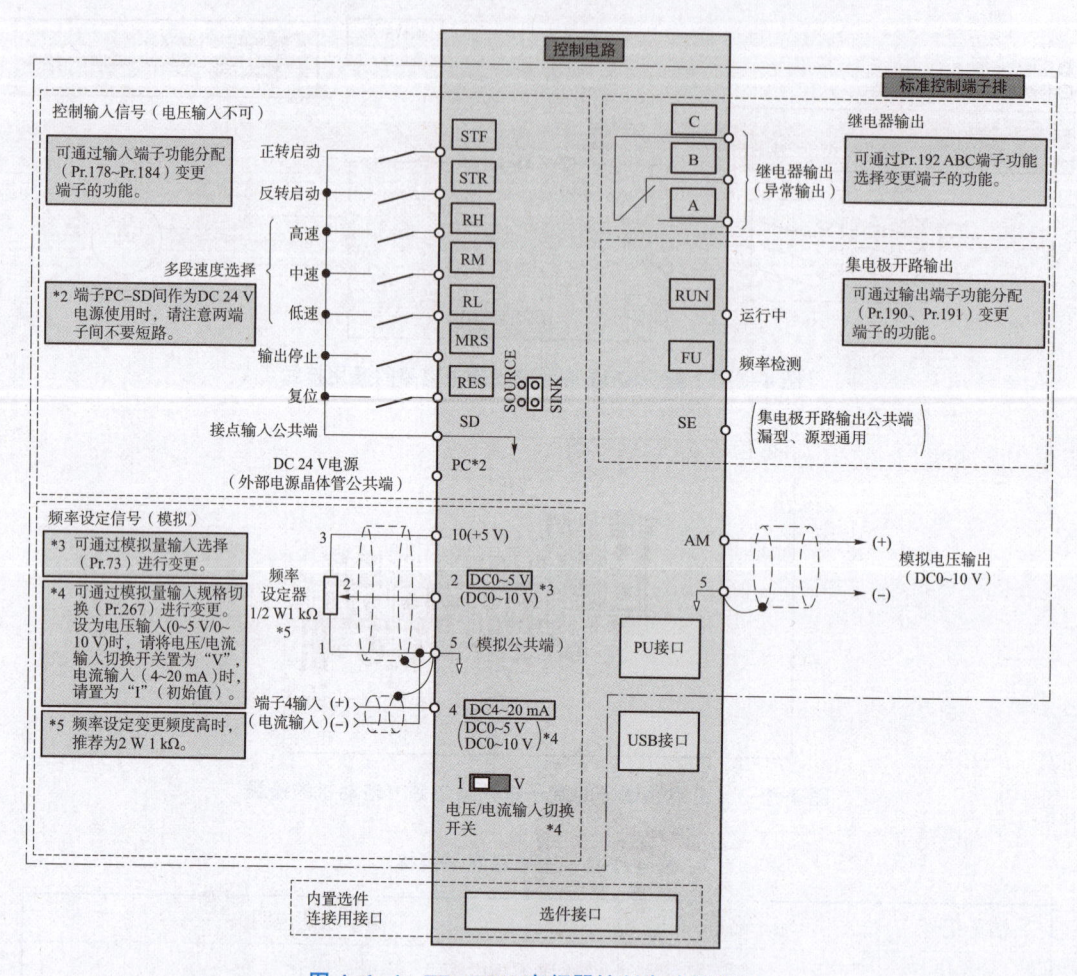

图 4-1-4　FR-E740 变频器控制电路接线图

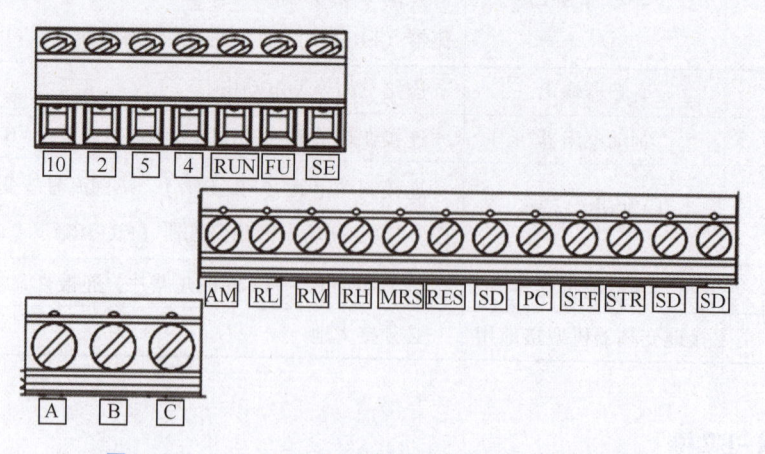

图 4-1-5　FR-E740 变频器控制电路端子的端子排列

其中，控制电路端子分为控制输入、频率设定（模拟量输入）、继电器输出（异常输出）、集电极开路输出（状态检测）和模拟电压输出 5 部分区域，各端子的功能可通过调整相关参数的值进行变更。在出厂初始值的情况下，各控制电路端子的功能说明如表 4-1-2、表 4-1-3 所示。

表 4-1-2　控制电路输入端子的功能说明

种类	端子编号	端子名称	端子功能说明	
接点输入	STF	正转启动	STF 信号 ON 时为正转、OFF 时为停止指令	STF、STR 信号同时 ON 时变成停止指令
	STR	反转启动	STR 信号 ON 时为反转、OFF 时为停止指令	
	RH RM RL	多段速度选择	用 RH、RM 和 RL 信号的组合可以选择多段速度	
	MRS	输出停止	MRS 信号 ON（20 ms 或以上）时，变频器输出停止。用电磁制动器停止电动机时用于断开变频器的输出	
	RES	复位	用于解除保护电路动作时的报警输出。请使 RES 信号处于 ON 状态 0.1 s 或以上，然后断开。 初始设定为始终可进行复位。但进行了 Pr.75 的设定后，仅在变频器报警发生时可进行复位。复位时间约为 1 s	
	SD	接点输入公共端（漏型）（初始设定）	接点输入端子（漏型逻辑）的公共端子	
		外部晶体管公共端（源型）	源型逻辑时，当连接晶体管输出（即集电极开路输出）如可编程控制器（PLC）时，将晶体管输出用的外部电源公共端接到该端子，可以防止因漏电引起的误动作	
		DC 24 V 电源公共端	DC 24 V、0.1 A 电源（端子 PC）的公共输出端子。与端子 5 及端子 SE 绝缘	
	PC	外部晶体管公共端（漏型）（初始设定）	漏型逻辑时，当连接晶体管输出（即集电极开路输出）如可编程控制器（PLC）时，将晶体管输出用的外部电源公共端接到该端子，可以防止因漏电引起的误动作	
		接点输入公共端（源型）	接点输入端子（源型逻辑）的公共端子	
		DC 24 V 电源	可作为 DC 24 V、0.1 A 的电源使用	

续表

种类	端子编号	端子名称	端子功能说明
频率设定	10	频率设定用电源	作为外接频率设定（速度设定）用电位器时的电源使用（按照 Pr.73 模拟量输入选择）
	2	频率设定（电压）	如果输入 DC 0~5 V（或 0~10 V），在 5 V（10 V）时为最大输出频率，输入输出成正比。通过 Pr.73 进行 DC 0~5 V（初始设定）和 DC 0~10 V 输入的切换操作
	4	频率设定（电流）	如果输入 DC 4~20 mA（或 0~5 V，0~10 V），在 20 mA 时为最大输出频率，输入输出成正比。只有 AU 信号为 ON 时端子 4 的输入信号才会有效（端子 2 的输入将无效）。通过 Pr.267 进行 4~20 mA（初始设定）和 DC 0~5 V、DC 0~10 V 输入的切换操作。电压输入（0~5 V/0~10 V）时，请将电压/电流输入切换开关切换至"V"
	5	频率设定公共端	频率设定信号（端子 2 或 4）及端子 AM 的公共端子。请勿接大地

表 4-1-3　控制电路输出端子的功能说明

种类	端子记号	端子名称	端子功能说明	
继电器	A、B、C	继电器输出（异常输出）	指示变频器因保护功能动作时输出停止的 1c 接点输出。异常时，B-C 间不导通（A-C 间导通）；正常时，B-C 间导通（A-C 间不导通）	
集电极开路	RUN	变频器正在运行	变频器输出频率大于或等于启动频率（初始值 0.5 Hz）时为低电平，已停止或正在直流制动时为高电平	
	FU	频率检测	输出频率大于或等于任意设定的检测频率时为低电平，未达到时为高电平	
	SE	集电极开路输出公共端	端子 RUN、FU 的公共端子	
模拟	AM	模拟电压输出	可以从多种监视项目中选一种作为输出。变频器复位中不被输出。输出信号与监视项目的大小成比例	输出项目：输出频率（初始设定）

4.1.2　FR-E740 变频器的面板操作

使用变频器之前，首先要熟悉它的面板显示和键盘操作单元（又称控制单元），并且按使用现场的要求合理设置参数。FR-E740 系列变频器的参数设置，通常利用固定在其上的操作面板（不能拆下）实现，也可以使用连接到变频器 PU 接口的参数单元（FR-PU07）实现。使用操作面板可以设置运行方式、频率，运行指令监视，实现参数设定、错误表示等。操作面板如图 4-1-6 所示，其上半部为面板显示器，下半部为 M 旋钮和各种按键。它们的具体功能分别如表 4-1-4 和表 4-1-5 所示。

运行模式显示
PU：PU 运行模式时亮灯。
EXT：外部运行模式时亮灯。
NET：网络运行模式时亮灯。

单位显示
· Hz：显示频率时亮灯。
· A：显示电流时亮灯。
（显示电压时熄灯，显示设定频率监视时闪烁。）

监视器（4位LED）
显示频率、参数编号等。

M旋钮
（M旋钮：三菱变频器的旋钮。）
用于变更频率设定、参数的设定值。
按该旋钮可显示以下内容：
· 监视模式时的设定频率；
· 校正时的当前设定值；
· 错误历史模式时的顺序。

模式切换
用于切换各设定模式。
和 (PU/EXT) 同时按下也可以用来切换运行模式。
长按此键（2s）可以锁定操作。

确认设定名
运行中按此键则监视器出现以下显示：

运行频率
↓
输出电流
↓
输出电压

运行状态显示
变频器动作中亮灯/闪烁。*

* 亮灯：正转运行中。
缓慢闪烁（1.4s循环）：反转运行中。
快速闪烁（0.2s循环）：
· 按 (RUN) 键或输入启动指令都无法运行时；
· 有启动指令，频率指令在启动频率以下时；
· 输入了 MRS 信号时。

参数设定模式显示
参数设定模式时亮灯。

监视器显示
监视模式时亮灯。

停止运行
也可以进行报警复位。

运行模式切换
用于切换 PU/外部运行模式。
使用外部运行模式（通过另接的频率设定旋钮和启动信号启动的运行）时请按此键，使表示运行模式的 EXT 处于亮灯状态。
（切换至组合模式时，可同时按 (MODE)（0.5s）变更参数 Pr.79。）
PU：PU 运行模式；
EXT：外部运行模式，也可以解除 PU 停止。

启动指令
通过 Pr.40 的设定，可以选择旋转方向。

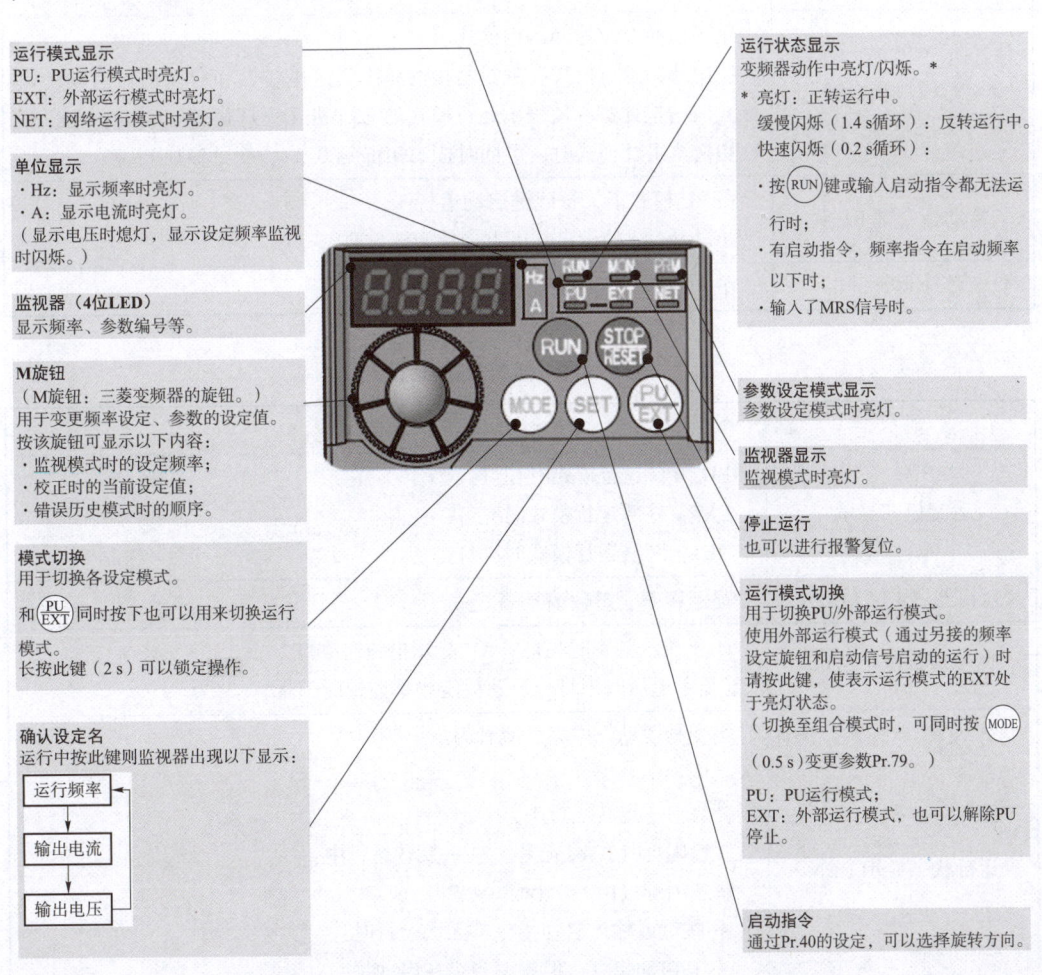

图 4-1-6　FR-E740 的操作面板

表 4-1-4 旋钮、按键功能

旋钮和按键	功能
M 旋钮 （三菱变频器旋钮）	用于变更频率设定值、参数设定值。按下该旋钮可显示以下内容： 监视模式时的设定频率； 校正时的当前设定值； 报警历史模式时的顺序
模式切换键 MODE	用于切换各设定模式。和 PU、EXT 同时按下也可以用来切换运行模式。长按此键（2 s）可以锁定操作
设定确定键 SET	各设定的确定。 此外，当运行中按此键则监视器出现以下显示： 运行频率→输出电流→输出电压
运行模式切换键	用于切换 PU/外部运行模式。 使用外部运行模式（通过另接的频率设定电位器和启动信号启动的运行）时请按此键，使表示运行模式的 EXT 处于亮灯状态。 切换至组合模式时，可同时按 MODE 键 0.5 s，变更参数 Pr.79
启动指令键 RUN	在 PU 模式下，按此键启动运行。 通过 Pr.40 的设定，可以选择旋转方向
停止运行键	在 PU 模式下，按此键停止运转

表 4-1-5 运行状态显示

显示	功能
运行模式显示	PU：PU 运行模式时亮灯； EXT：外部运行模式时亮灯； NET：网络运行模式时亮灯
监视器（4 位 LED）	显示频率、参数编号等
监视数据单位显示	Hz：显示频率时亮灯；A：显示电流时亮灯 （显示电压时熄灯，显示设定频率监视时闪烁）
运行状态显示 RUN	当变频器动作中亮灯或者闪烁； 其中： 亮灯——正转运行中； 缓慢闪烁（1.4 s 循环）——反转运行中； 快速闪烁（0.2 s 循环）： • 按键或输入启动指令都无法运行时； • 有启动指令，但频率指令在启动频率以下时； • 输入了 MRS 信号时
参数设定模式显示 PRM	参数设定模式时亮灯
监视器显示 MON	监视模式时亮灯

4.1.3　FR-E740 变频器的常用参数设置

FR-E740 变频器有几百个参数,实际使用时,只需根据使用现场的要求设定部分参数,其余按出厂设定即可。

下面根据材料分拣控制系统对变频器的要求,介绍一些常用参数的设定,见表 4-1-6。关于参数设定更详细的说明请参阅 FR-E740 使用手册。

表 4-1-6　FR-E740 变频器常用参数

编号	名称	单位	初始值	范围	用途
Pr.1	上限频率	0.01 Hz	120 Hz	0~120 Hz	设置输出频率的上限时使用
Pr.2	下限频率	0.01 Hz	0	0~120 Hz	设置输出频率的下限时使用
Pr.3	基准频率	0.01 Hz	50 Hz	0~400 Hz	确认电动机的额定铭牌,多为 50 Hz
Pr.4	3 速设定（高速）	0.01 Hz	50 Hz	0~400 Hz	用参数预先设定运行转速,用端子切换速度时使用
Pr.5	3 速设定（中速）	0.01 Hz	30 Hz	0~400 Hz	
Pr.6	3 速设定（低速）	0.01 Hz	10 Hz	0~400 Hz	
Pr.7	加速时间	0.1 s	5 s/10 s*	0~3 600 s	可以设定加减速时间。*初始值根据变频器容量不同而不同（3.7 kW 以下/5.5 kW、7.5 kW）
Pr.8	减速时间	0.1 s	5 s/10 s*	0~3 600 s	
Pr.79	运行模式选择	1	0	0、1、2、3、4、6、7	选择启动指令场所和频率设定场所
Pr.125	端子 2 频率设定增益	0.01 Hz	50 Hz	0~400 Hz	改变电位器最大值（5 V 初始值）的频率
Pr.126	端子 4 频率设定增益	0.01 Hz	50 Hz	0~400 Hz	可变更电流最大输入（20 mA 初始值）时的频率
Pr.73	模拟量输入选择	1	1	0、1、10、11	模拟量信号可为 0~5 V 或 0~10 V 的电压信号从端子 2 进入时设置

续表

编号	名称	单位	初始值	范围	用途
Pr. CL ALLC	参数全部清除				将 Pr. CL 与 ALLC 都设置为"1",可使参数恢复为初始值。如果 Pr. 77 参数写入选择="1",则无法清除

1. FR-E740 变频器参数变更设定方法

变频器参数的出厂设定值被设置为完成简单的变速运行。如需按照负载和操作要求设定参数,则应进入参数设定模式,先选定参数号,然后设置其参数值。设定参数分两种情况,一种是停机(STOP)方式下重新设定参数,这时可设定所有参数;另一种是在运行时设定,这时只允许设定部分参数,但是可以核对所有参数号及参数。图 4-1-7 是参数设定过程的一个例子,将 Pr.1 上限频率从出厂设定值 120.0 Hz 变更为 50.0 Hz,假定当前运行模式为 PU/EXT 切换模式(Pr. 79=0)。

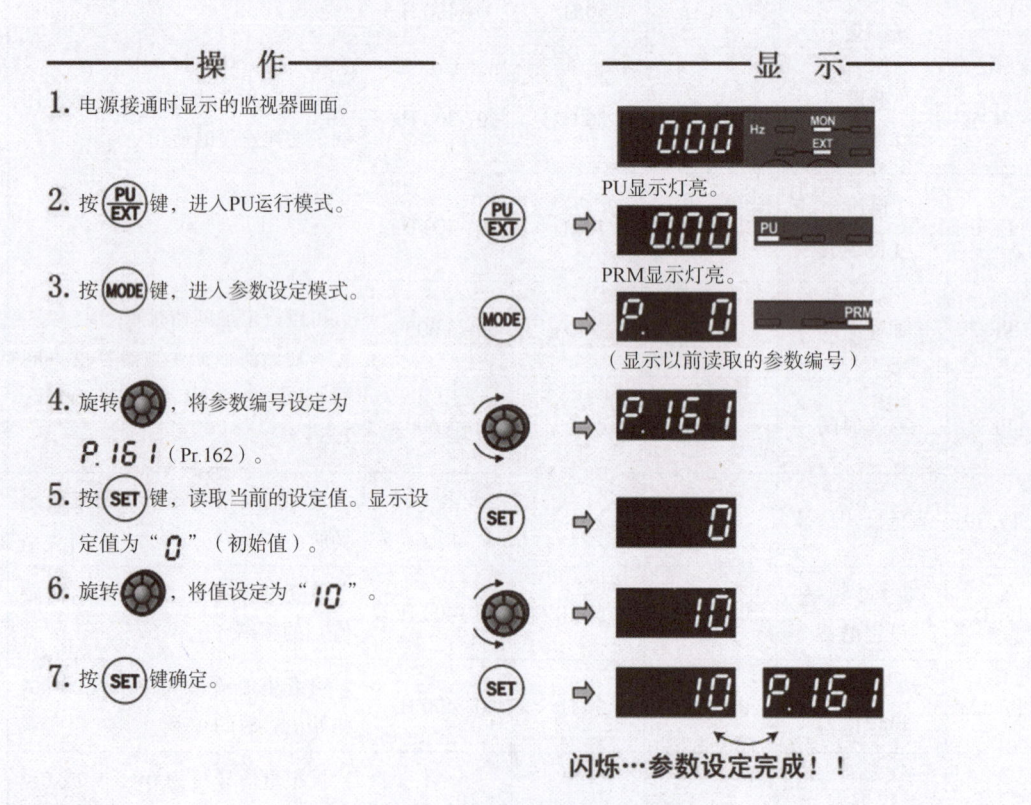

———— 操 作 ————   ———— 显 示 ————

1. 电源接通时显示的监视器画面。

2. 按 PU/EXT 键,进入PU运行模式。
   PU显示灯亮。

3. 按 MODE 键,进入参数设定模式。
   PRM显示灯亮。
   (显示以前读取的参数编号)

4. 旋转 ●,将参数编号设定为 P.161 (Pr.162)。

5. 按 SET 键,读取当前的设定值。显示设定值为"0"(初始值)。

6. 旋转 ●,将值设定为"10"。

7. 按 SET 键确定。
   闪烁…参数设定完成!!

图 4-1-7 参数变更设定示例

2. FR-E740 变频器重要参数操作

下面重点介绍操作运行选择（Pr. 79）、多段速运行模式的操作（Pr. 4~Pr. 6, Pr. 24~Pr. 27）、通过模拟量输入（端子 2、4）设定频率（Pr. 73, Pr. 267）的操作设置方法。

1）运行模式选择（Pr. 79）

所谓运行模式，是指对输入变频器的启动指令和设定频率的命令来源的指定。一般来说，使用控制电路端子、外部设置电位器和开关来进行操作的是"外部运行模式"，使用操作面板或参数单元输入启动指令、设定频率的是"PU 运行模式"，通过 PU 接口进行 RS-485 通信或使用通信选件的是"网络运行模式（NET 运行模式）"。

FR-E740 系列变频器通过参数 Pr. 79 的值来指定变频器的运行模式，初始值为 0，设定值范围为 0、1、2、3、4、6、7；这 7 种运行模式的内容以及相关 LED 指示灯的状态如表 4-1-7 所示。当停止运行时用户可以根据实际需要修改其设定值。

表 4-1-7 运行模式选择（Pr. 79）

设定值	内容		LED 显示状态（灭灯；亮灯）
0	外部/PU 切换模式，通过运行模式切换键 PU/EXT 可切换 PU 与外部运行模式。注意：接通电源时为外部运行模式		外部运行模式；PU 运行模式
1	PU 运行模式固定		
2	外部运行模式固定；可以在外部、网络运行模式间切换运行		外部运行模式；网络运行模式；NE
3	外部/PU 组合运行模式 1		
	频率指令	启动指令	
	用操作面板设定或用参数单元设定，或外部信号输入[多段速设定，端子 3~5 间（AU 信号 ON 时有效）]	外部信号输入（端子 STF、STR）	
4	外部/PU 组合运行模式 2		
	频率指令	启动指令	
	外部信号输入（端子 2、4、JOG，多段速选择等）	通过操作面板的或通过参数单元的 REV 键来输入	RUN 键，FWD

续表

设定值	内容	LED 显示状态（灭灯；亮灯）
6	切换模式；可以一边继续运行状态，一边实施 PU 运行、外部运行、网络运行的切换	PU 运行模式；外部运行模式；网络运行模式；NE
7	外部运行模式（PU 运行互锁） X012 信号 ON 时，可切换到 PU 运行模式 （外部运行中输出停止） X012 信号 OFF 时，禁止切换到 PU 运行模式	PU 运行模式；外部运行模式

2）多段速运行模式的操作

在 Pr.79=2 时，变频器可以通过外接的开关器件的组合通断改变输入端子的状态来实现频率设定。这种控制频率的方式称为多段速控制功能。

FR-E740 变频器的速度控制端子是 RH、RM 和 RL。通过这些开关的组合可以实现 3 段或是 7 段的控制。

转速的切换：由于转速的挡次是按二进制的顺序排列的，故三个输入端可以组合成 3~7 挡（0 状态不计）转速。其中，3 段速由 RH、RM、RL 单个通断来实现；7 段速由 RH、RM、RL 通断的组合来实现。

7 段速的各自运行频率则由参数 Pr.4~Pr.6（设置前 3 段速的频率）、Pr.24~Pr.27（设置第 4 段速至第 7 段速的频率）确定。对应的控制端状态及参数关系如图 4-1-8 所示。

多段速度设定在 PU 运行和外部运行中都可以设定。运行期间参数值可以被改变。3 速设定的场合（Pr.24~Pr.27 设定为 "9999"），2 速以上同时被选择时，低速信号的设定频率优先。

3）通过模拟量输入（端子 2、4）设定频率

除了在操作面板设置变频器的频率，用 PLC 输出端子控制多段速度设定外，也有连续设定频率的需求。例如在变频器安装和接线完成进行运行试验时，常用调速电位器连接到变频器的模拟量输入信号端，进行连续调速试验。此外，在触摸屏上指定变频器的频率，则此频率也应该是连续可调的。需要注意的是，如果要用模拟量输入（端子 2、4）设定频率，则 RH、RM、RL 端子应断开，否则多段速度设定优先。

参数号	出厂设定	设定范围	备注
4	50 Hz	0~400 Hz	
5	30 Hz	0~400 Hz	
6	10 Hz	0~400 Hz	
24~27	9 999	0~400 Hz，9 999	9 999：未选择

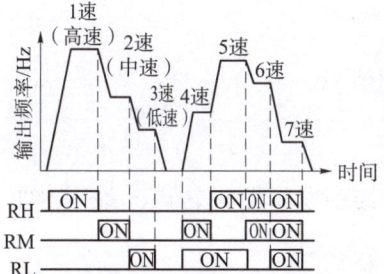

1速：RH单独接通，Pr.4设定频率
2速：RM单独接通，Pr.5设定频率
3速：RL单独接通，Pr.6设定频率
4速：RM、RL同时通，Pr.24设定频率
5速：RH、RL同时通，Pr.25设定频率
6速：RH、RM同时通，Pr.26设定频率
7速：RH、RM、RL全通，Pr.27设定频率

图 4-1-8　多段速控制对应的控制端状态及参数关系

FR-E740系列变频器提供两个模拟量输入信号端子（端子2、4）用作连续变化的频率设定。在出厂设定情况下，只能使用端子2，端子4无效。

如果使用端子2，模拟量信号可为0~5 V或0~10 V的电压信号，用参数Pr.73指定，其出厂设定值为"1"，指定为0~5 V的输入规格，并且不能可逆运行。参数Pr.73参数的取值范围为0、1、10、11，具体内容见表4-1-8。

表 4-1-8　模拟量输入选择（Pr.73、Pr.267）

参数编号	名称	初始值	设定范围	内容	
73	模拟量输入选择	1	0	端子2 输入 0~10 V	无可逆运行
			1	端子2 输入 0~5 V	
			10	端子2 输入 0~10 V	有可逆运行
			11	端子2 输入 0~5 V	

如果使用的是端子4，模拟量信号可为电压输入（0~5 V、0~10 V）或电流输入（4~20 mA，初始值），用参数Pr.267和电压/电流输入切换开关设定，并且要输入与设定相符的模拟量信号。参数Pr.267的设置方法及接线注意事项请读者查阅FR-E740使用手册。

【任务实施】

1. 变频器参数设置

工作任务中对变频器的控制要求较为简单，仅要求当传送带入料口人工放下已装配的工件时，变频器即启动，驱动传动电动机以 30 Hz 的频率固定带动传送带。在运行前需将变频器参数设置如下：

Pr. 79 = 2（固定的外部运行模式）；

Pr. 4 = 30 Hz（高速段运行频率设定值）。

2. 接线

将 PLC 输出信号 Y014、Y015 分别接到变频器正转启动端子 STF、高速段频率设定端子 RH 上。

3. 编程

在任务 4.3 程序设计的基础上略做修改后即可完成本任务的控制要求。

4. 调试运行

（1）连接电磁阀、传感器、变频器等，实物可参考相关自动生产线实训装备。

（2）参照图 3-3-18~图 3-3-22、图 4-1-9 所示程序编写完整程序，将之下载到 PLC 并运行、监视，观察变频器运行情况。

```
状态位输出
         S1
    0 ─┤├──────────────────────────────────(Y014)
       复位标志                              启动变频器
         S7
      ─┤├─
       检测到入
       料口有物料
         S2
    3 ─┤├──────────────────────────────────(Y000)
       复位中推                              推断一电磁阀
       杆一分拣
       铝制物料
         S8
      ─┤├─
       启动后推
       杆一分拣
       铝制物料
```

图 4-1-9　电动机运行程序

5. 检查与评估

（1）检查 I/O 接线是否正确、规范，I/O 设备是否正常使用。

（2）检查梯形图和指令表的编辑是否正确。

（3）检查变频器参数设置。

（4）检查现象是否正确。

【自主练习】

要求变频器控制三相异步电动机实现三段速度运行，当传送带检测入口处光电传感器未检测到工件时电动机以低速（10 Hz）运行；一旦光电传感器检测到工件，1 s 后电动机改为中速（25 Hz）运行；当工件被推入对应料槽后，电动机以高速（45 Hz）反向运行 3 s 后停止，一个周期结束。根据要求连接变频器与 PLC 外部接线，编写控制程序，并调试运行。

任务 4.2　模拟量输入/输出模块

【工作任务】

本任务继续以材料分拣控制系统为例，当传送带入料口人工放下已装配的工件时，变频器即启动，驱动传动电动机以给定的速度把工件带往分拣区。频率要求在 0~50 Hz 内连续可调节，启动和停止由外部端子控制。

【相关知识】

在工业和生产过程中，经常会涉及对一些连续变量的控制，这些连续变量往往以电压或电流的形式出现，这就是模拟量控制。PLC 中对模拟量的控制可以通过特殊功能模块中的模拟量输入/输出模块来进行模拟量的输入和输出，以实现工业自动化控制中不可或缺的温度、压力、流量等的过程控制。

根据工作任务可知，为了实现变频器输出频率连续调整的目的，材料分拣控制系统的 PLC 需额外连接特殊功能模拟量模块。

4.2.1 模拟量输入/输出模块分类

模拟量输入模块（A/D 模块）功能是将现场仪表输出的标准 0~10 mA、4~20 mA、DC1~5 V、DC1~10 V 等模拟信号转换成适合 PLC 内部处理的数字信号。A/D 转换过程如图 4-2-1 所示。

模拟信号 → 放大 → A/D 转换 → PLC 光电耦合 → 一定位数的数字信号

图 4-2-1　模拟信号 A/D 转换过程

模拟量输出模块（D/A 模块）功能是将 PLC 处理后的数字信号转化为现场仪表可以接收的标准信号 4~20 mA、DC1~5 V 等模拟信号后输出，以满足生产过程现场连续控制信号的要求。

FX3U 系列 PLC 常用的模拟量输入/输出模块如表 4-2-1 所示。

表 4-2-1　常用模拟量输入/输出模块分类

分类		
分类	模拟量输入模块	FX2N-2AD（两路输入）
		FX2N-4AD、FX3U-4AD（四路输入）
		FX2N-8AD（八路输入）
	模拟量输出模块	FX2N-2DA（两路输出）
		FX2N-4DA、FX3U-4DA（四路输出）
	模拟量输入/输出模块	FX0N-3A（两路输入，一路输出）
		FX2N-5A（四路输入，一路输出）
	温度采集模块	FX2N-4AD-PT（四路输入，传感器为热电阻）
		FX2N-4AD-TC（四路输入，传感器为热电偶）

4.2.2 特殊功能模块读写指令 FROM 和 TO

在使用三菱特殊功能模块时，CPU 除了为模块分配输入/输出地址（输入 X 和输出 Y）外，还在模块内存中为模块分配了一块数据缓冲区（BFM）用于与 CPU 通信。有专门两条指令实现对模块缓冲区 BFM 的读写，即 TO 指令和 FROM 指令，其他指令都是这两个指令的变形。例如，DTO 表示 32 位操作指令（无 D

时，表示 16 位操作指令）；TOP 表示在控制命令的上升沿时执行对 BFM 的写入，可以根据实际情况分别使用，FROM 指令也同样。下面简单介绍这两种指令的使用方法。

1. FROM 指令

FROM 指令（FNC78）的功能是实现对特殊模块缓冲区 BFM 的指定位读取到 PLC 中的操作。指令格式如图 4-2-2 所示，这条语句是将模块号为 No.0 的特殊功能模块的缓冲存储器（BFM）#10 中读出的 16 位数据传送到 PLC，并存放到 D0 中。

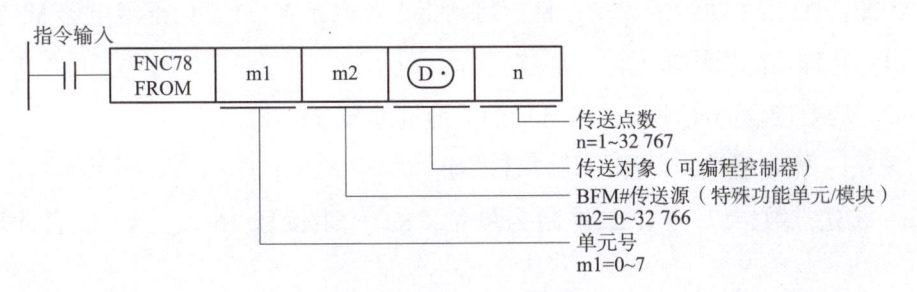

```
指令输入
──┤├──[ FNC78  m1  m2  (D·)  n ]
      FROM
```
传送点数 n=1~32 767
传送对象（可编程控制器）
BFM#传送源（特殊功能单元/模块）m2=0~32 766
单元号 m1=0~7

图 4-2-2　FROM 指令格式

指令中各软元件、操作数代表的意义如下：

X000：FROM 指令执行的启动条件。启动指令可以是 X、Y、内部继电器 M 等。

m1：特殊功能模块单元号（0~7）。K0 实际上用于指定特殊模块在基板上的位置。模块号是指从 PLC 最近的开始按 No.0→No.1→No.2……顺序连接，用于以 FROM/TO 指令指定哪个模块工作。

m2：为要读取的缓冲区（BFM）的首地址编号（0~31），特殊功能模块内有 32 通道的 16 位缓冲寄存器（BFM），编号为 #0~#31。

［D·］：指定存放数据的元件首地址。

n：传送点数，以 16 位二进制为单位，K1 代表读取 16 点，K2 代表读取 32 点等。

2. TO 指令

TO 指令（FNC79）的功能是将 PLC 中的数据写入特殊模块的缓冲区 BFM 内。其指令格式如图 4-2-3 所示。这条语句是将 PLC 中 D0 元件中的 16 位数据，写到特殊功能模块 No.0 的缓冲存储器（BFM）#17 中。

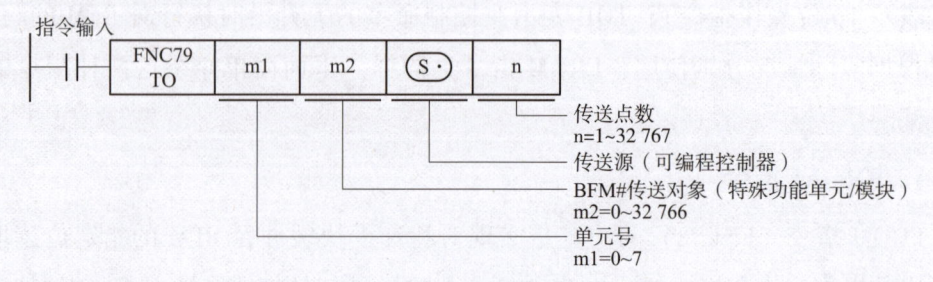

```
指令输入
  ├──┤├── FNC79 TO │ m1 │ m2 │ (S·) │ n
                                      │
                                      ├── 传送点数 n=1~32 767
                                      ├── 传送源（可编程控制器）
                                      ├── BFM#传送对象（特殊功能单元/模块）m2=0~32 766
                                      └── 单元号 m1=0~7
```

图 4-2-3　TO 指令格式

指令中各软元件、操作数代表的意义如下：

X000：TO 指令执行的启动条件。启动指令可以是 X、Y、内部继电器 M 等。

m1：特殊功能模块单元号（0~7）。

m2：为要读取的缓冲区（BFM）的首地址编号（0~31）。

[S·]：指定被读出数据的元件首地址。

n：传送点数，以 16 位二进制为单位，K1 代表读取 16 点，K2 代表读取 32 点等。

4.2.3　模拟量输入模块 FX2N-2AD

FX2N-2AD 型模拟量输入模块用于将两路模拟输入信号（电压或电流）转换成 12 位的数字量，并将其输入 PLC 中。在输入/输出基础上选择的电压或电流可以由用户接线方式决定。FX2N-2AD 可以连接到 FX3U、FX3UC、FX0N 系列的 PLC 上。FX2N-2AD 连接到 PLC 时将占用 8 个 I/O 点，用于分配给输入或输出。两路模拟量输入通道可接收的输入为 DC0~10 V、DC0~5 V、4~20 mA。

1. 布线

FX2N-2AD 模拟量输入模块的布线图如图 4-2-4 所示。模拟量输入通过双绞屏蔽电缆接收。注意在使用过程中，FX2N-2AD 不能将一个通道作为模拟电压输入而将另一个作为电流输入，因为两个通道使用相同的偏置值和增益值。对于电流输入，请短路 VIN 和 IIN，如图 4-2-4 所示。当电压输入存在波动或有大量噪声时，可在相应位置并联一个约 25 V、0.10~0.47 μF 的电容。

2. 性能指标

FX2N-2AD 是一个两通道 12 位高精度模拟量输入模块，性能指标如表 4-2-2 所示。

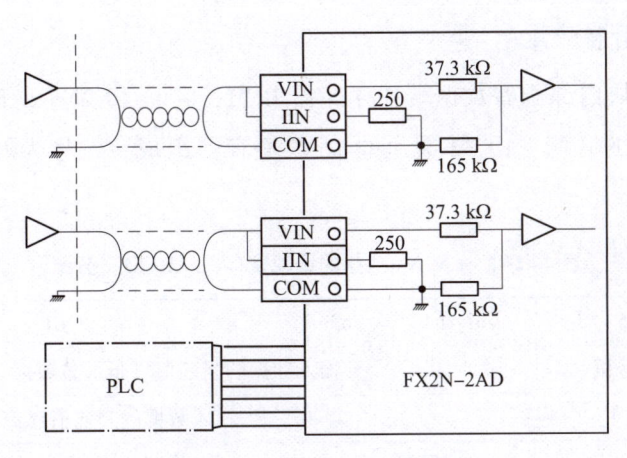

图 4-2-4 FX2N-2AD 布线图

表 4-2-2 FX2N-2AD 的性能指标

指标	电压输入	电流输入
模拟输入范围	在出厂时，已为 DC0~10 V 输入选择了 0~4 000 范围；对于 DC0~5 V 的电压输入，则需要重新调整偏置和增益	
	DC0~10 V，DC0~5 V，输入电阻为 200 kΩ。注意，输入电压超过 -0.5 V、+15 V 时可能损坏模块	4~20 mA 时，输入电阻 250 Ω。注意，输入电流超过 -2 mA、60 mA 时可能损坏模块
数字分辨率	12 位	
最小输入信号分辨率	2.5 mV（10 V/4 000） 1.25 mV（5 V/4 000）依据输入特性而变	4 μA：（4~20 mA）/4 000 依据输入特性而变
总精度	±1%（0~10 V）	±1% mA（4~20 mA）
处理时间	2.5 ms/通道（顺序程序和同步）	
	模拟值：0~10 V 数字值：0~4 000 （出厂时）	模拟值：4~20 mA 数字值：0~4 000 （出厂时）
输入特性		
	每个通道的输入特性都是相同的	

3. 缓冲存储器分配

特殊功能模块内部都有数据缓冲存储器 BFM，它是 FX2N-2AD 与 PLC 基本单元进行数据通信的区域，由 32 通道的 16 位寄存器组成，编号为#0～#31。BFM 的分配见表 4-2-3。

表 4-2-3　FX2N-2AD 的缓冲寄存器（BFM）分配

BFM 编号	b15~b8	b7~b4	b3	b2	b1	b0
#0	保留	输入数据的当前值（低 8 位数据）				
#16	保留		输入数据的当前值（高 4 位）			
#17	保留				A/D 转换启动	A/D 通道选择
#1～#15 #18～#31	保留					

其中：

#0：由#17（低 8 位数据）指定的通道的输入数据当前值以二进制形式被存储。

#1：输入数据当前值（高 4 位数据）以二进制形式被存储。

#17：b0=0 时，选择模拟输入通道 1；b0=1 时，选择模拟输入通道 2。

b1 从 0 到 1，A/D 转换启动。

4. 编程举例

FX2N-2AD 的应用编程实例如图 4-2-5 所示。其中：

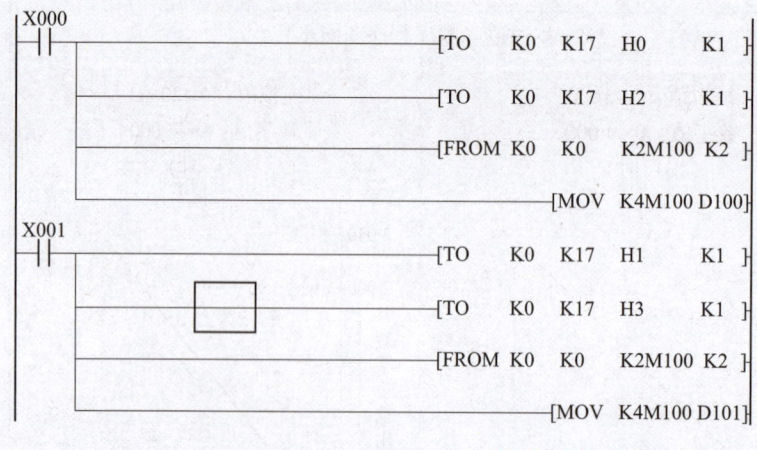

```
X000
─┤├──────────────[TO    K0  K17  H0     K1 ]    选择A/D输入通道1
        │
        ├────────[TO    K0  K17  H2     K1 ]    启动通道1的A/D转换
        │
        ├────────[FROM  K0  K0   K2M100 K2 ]    读取通道1的数字量
        │
        └────────[MOV   K4M100  D100 ]          通道1高4位传送到低8位中，
                                                并存到D100中
X001
─┤├──────────────[TO    K0  K17  H1     K1 ]    选择A/D输入通道2
        │
        ├────────[TO    K0  K17  H3     K1 ]    启动通道2的A/D转换
        │
        ├────────[FROM  K0  K0   K2M100 K2 ]    读取通道2的数字量
        │
        └────────[MOV   K4M100  D101 ]          通道2高4位传送到低8位中，
                                                并存到D101中
```

图 4-2-5　模拟量输入编程

通道 1 的输入执行模拟到数字的转换：X000。

通道 2 的输入执行模拟到数字的转换：X001。

A/D 输入数据通道 1：D100（用辅助继电器 M100～M115 替换，对这些编号只分配一次）。

A/D 输入数据通道 2：D101（用辅助继电器 M100～M115 替换，对这些编号只分配一次）。

处理时间：从 X000 和 X001 打开至模拟到数字转换值存储到 PLC 的数据寄存器的时间为 2.5 ms/通道。

4.2.4　模拟量输出模块 FX2N-2DA

FX2N-2DA 型模拟量输出模块用于将 12 位的数字量转换成两路模拟输出信号（电压或电流），并将其输入 PLC 中。在输入/输出基础上选择的电压或电流可以由用户接线方式决定。FX2N-2DA 可以连接到 FX3U、FX3UC、FX0N 系列的 PLC 上。FX2N-2DA 连接到 PLC 时将占有 8 个 I/O 点，用于分配给输入或输出。两路模拟量输入通道可接收的输出为 DC0～10 V、DC0～5 V，或 4～20 mA（电压输出/电流输出的混合使用也是可以的）。

1. 布线

FX2N-2DA 的布线图如图 4-2-6 所示。当电压输出存在波动或大量噪声时，请在电压输出端口并接 0.10～0.47 μF 的电容。此外对于电压输出，要对 IOUT 和 COM 进行短接，如图 4-2-6 所示。

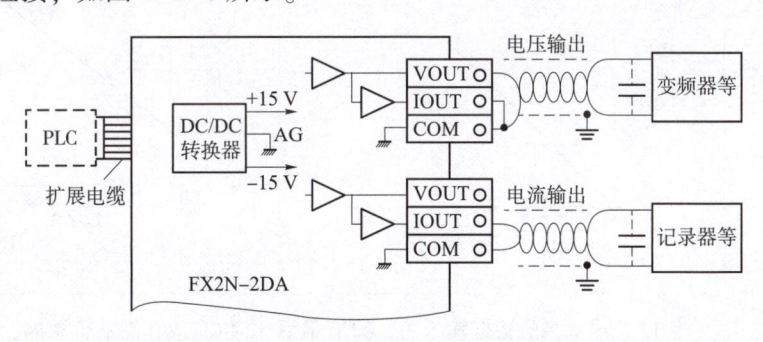

图 4-2-6　FX2N-2DA 布线图

2. 性能指标

FX2N-2DA 是一个两通道 12 位高精度模拟量输出模块，性能指标如表 4-2-4 所示。

表 4-2-4　FX2N-2DA 的性能指标

指标	电压输出	电流输出
模拟输出范围	在出厂时，已为 DC0~10 V 输入选择了 0~4 000 范围；对于 DC0~5 V 的电压输出，则需要重新调整偏置和增益	
	DC0~10 V，DC0~5 V 时，外部负载阻抗为 2 kΩ~1 MΩ	4~20 mA 时，外部负载阻抗为 500 Ω 或更小
数字分辨率	12 位	
最小输出信号分辨率	2.5 mV（10 V/4 000） 1.25 mV（5 V/4 000）	4 μA：（4~20 mA）/4 000
总精度	±1%（0~10 V）	±1% mA（4~20 mA）
处理时间	4 ms/通道（顺序程序和同步）	
	模拟值：0~10 V 数字值：0~4 000 （出厂时）	模拟值：4~20 mA 数字值：0~4 000 （出厂时）
输出特性	（图：0~10 V 对应 0~255 数字量，1 V 对应 25.5）	（图：4~20 mA 对应 0~4.000 数字量）
	当 13 位或更多的数据输入时，只有最后 12 位有效，高端位忽略；在 0~4 095 范围内使用数字量；可对两个通道中的每个进行输出特性设置	

3. 缓冲存储器分配

FX2N-2DA 的缓冲寄存器分配见表 4-2-5。

表 4-2-5　FX2N-2DA 的缓冲寄存器分配

BFM 编号	b15~b8	b7~b3	b2	b1	b0
#0~#15	输出数据的当前值（低 8 位数据）					
#16	保留	输入数据的当前值（高 4 位）			
#17	保留		D/A 低 8 位数据保持	通道 1 的 D/A 转换启动	通道 2 的 D/A 转换启动
#18~#31	保留				

其中：

#16：由 #17（数字值）指定的通道的 D/A 转换数据被写入。D/A 数据以二进制形式，并以低 8 位和高 4 位两部分的顺序进行写入。

#17：b0 从 0 到 1，通道 2 的 D/A 转换启动；b1 从 0 到 1，通道 1 的 D/A 转换启动；b2 从 0 到 1，D/A 转换的低 8 位数据保持。

4. 编程举例

FX2N-2DA 的应用编程实例如图 4-2-7 所示。其中：

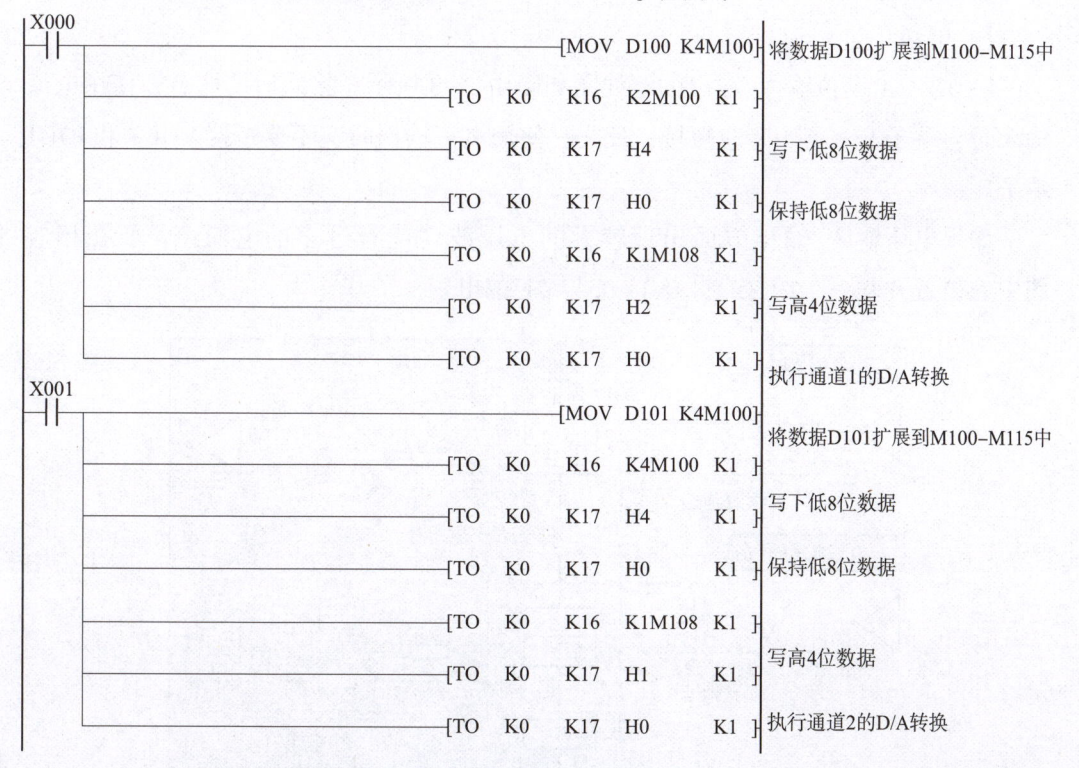

```
X000
 ├────────────────────────[MOV  D100  K4M100]  将数据D100扩展到M100-M115中
 ├────────────────[TO  K0  K16  K2M100  K1]
 ├────────────────[TO  K0  K17  H4      K1]    写下低8位数据
 ├────────────────[TO  K0  K17  H0      K1]    保持低8位数据
 ├────────────────[TO  K0  K16  K1M108  K1]
 ├────────────────[TO  K0  K17  H2      K1]    写高4位数据
 ├────────────────[TO  K0  K17  H0      K1]    执行通道1的D/A转换
X001
 ├────────────────────────[MOV  D101  K4M100]  将数据D101扩展到M100-M115中
 ├────────────────[TO  K0  K16  K4M100  K1]
 ├────────────────[TO  K0  K17  H4      K1]    写下低8位数据
 ├────────────────[TO  K0  K17  H0      K1]    保持低8位数据
 ├────────────────[TO  K0  K16  K1M108  K1]
 ├────────────────[TO  K0  K17  H1      K1]    写高4位数据
 ├────────────────[TO  K0  K17  H0      K1]    执行通道2的D/A转换
```

图 4-2-7　模拟量输出编程

通道 1 的输入执行数字到模拟的转换：X000。

通道 2 的输入执行数字到模拟的转换：X001。

D/A 输出数据通道 1：D100（用辅助继电器 M100~M131 替换。对这些编号只分配一次）。

D/A 输出数据通道 2：D101（用辅助继电器 M100~M131 替换。对这些编号只分配一次）。

4.2.5 模拟量输入/输出模块 FX0N-3A

FX0N-3A 型模拟量输入/输出模块是具有两路输入通道和一路输出通道，最大分辨率为 8 位的模拟量 I/O 模块。在输入/输出基础上选择的电压或电流可以由用户接线方式决定。

输入通道接收模拟信号（电压或电流）并将模拟信号转换成 8 位的数字量，输出通道将 8 位数字量转换成等量模拟信号输出。FX0N-3A 可以连接到 FX3U、FX3UC、FX1N、FX0N 系列的 PLC 上。FX0N-3A 连接到 PLC 时将占有 8 个 I/O 点，用于分配给输入或输出。

1. 布线

FX0N-3A 模拟输入/输出的布线图如图 4-2-8 所示。接线时要注意，使用电流输入时，端子 VIN 与 IIN 应短接；反之，使用电流输出时，不要短接 VOUT 和 IOUT 端子。

如果电压输入/输出方面出现较大的电压波动或有过多的电噪声，要在相应图中的位置并联一个约 25 V、0.1~0.47 μF 的电容。

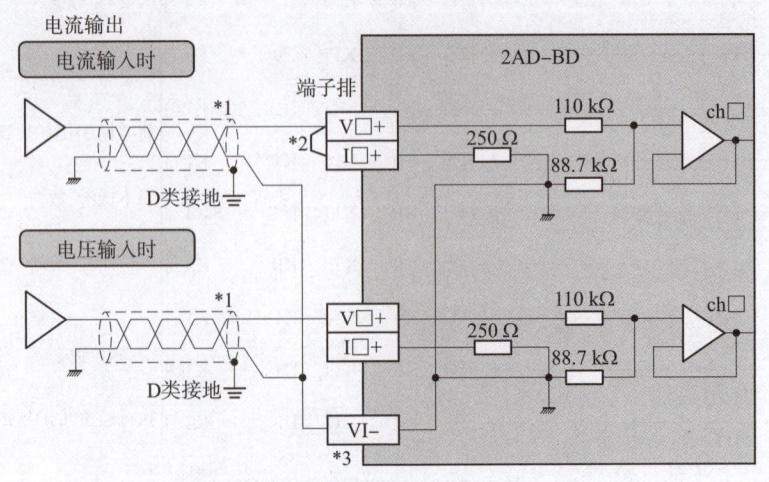

图 4-2-8　FX0N-3A 输入/输出布线图

2. 性能指标

FX0N-3A 的输入/输出通道性能指标分别见表 4-2-6、表 4-2-7。

表 4-2-6　FX0N-3A 输入通道性能指标

指标	电压输入	电流输入
模拟输入范围	在出厂时，已为 DC0~10 V 输入选择了 0~250 范围；如果把 FX0N-3A 用于电流输入或非 0~10 V 的电压输入，则需要重新调整偏置和增益；模块不允许两个通道有不同的输入特性	
	DC0~10 V，DC0~5 V 时，输入电阻为 200 kΩ。注意：输入电压超过 −0.5 V、+15 V 时可能损坏模块	4~20 mA 时，输入电阻为 250 Ω。注意：输入电流超过 −2 mA、+60 mA 时可能损坏模块
数字分辨率	8 位	
最小输入信号分辨率	40 mV：(0~10 V)/(0~250) 依据输入特性而变	64 μA：(3~20 mA)/(0~250) 依据输入特性而变
总精度	±0.1 V	±0.16 mA
处理时间	TO 指令处理时间×2+FROM 指令处理时间	
输入特性	[出厂时] 电压输入特性（产品规格） 数字量输出 4000/2000/400，模拟量输入 0/1V/5V/10V；数字值 255/1，模拟输入电压/V 0/0.02/5.1	数字值 255/250/1，模拟输入电流/mA 0/1/4/9.5/10

表 4-2-7　FX0N-3A 输出通道性能指标

指标	电压输出	电流输出
模拟输出范围	在出厂时，已为 DC0~10 V 输出选择了 0~250 范围；如果把 FX0N-3A 用于电流输出或非 0~10 V 的电压输出，则需要重新调整偏置和增益	
	DC0~10 V，DC0~5 V 时，外部负载为 1 kΩ~1 MΩ	4~20 mA 时，外部负载为 500 Ω 或更小

续表

指标	电压输出	电流输出
数字分辨率	8位	
最小输出信号分辨率	40 mV：（0~10 V）/（0~250）依据输出特性而变	64 μA：（4~20 mA）/（0~250）依据输出特性而变
总精度	±0.1 V	±0.16 mA
处理时间	TO指令处理时间×3	
输出特性	[出厂时] 电压输出特性（产品规格） （图：模拟量输出 vs 数字值输入，0,400,2000,4000 对应 1V,5V,10V）	希望变更的数字值特性 （图：实际上D/A转换的数字值 Y轴，希望指定的数字值（D120）X轴，400(1V), 2000(5V), 10000）

3. 缓冲存储器分配

FX0N-3A 共有32通道的16位缓冲寄存器，见表4-2-8。

表4-2-8 FX0N-3A的缓冲寄存器分配

通道号	b15~b8	b7	b6	b5	b4	b3	b2	b1	b0
#0	保留	当前输入通道的A/D转换值（以8位二进制数表示）							
#16		当前D/A输出通道的设置值							
#17							D/A转换启动	A/D转换启动	A/D通道选择
#1~#15 #18~#31	保留								

其中#17通道位含义：

b0=0，选择模拟输入通道1；b0=1，选择模拟输入通道2。

b1从0到1，A/D转换启动；b2从1到0，D/A转换启动。

4. 编程举例

FX0N-3A 的应用编程实例如图 4-2-9 和图 4-2-10 所示。其中，图 4-2-9 是实现 D/A 转换的例程，图 4-2-10 是实现 A/D 转换的例程。

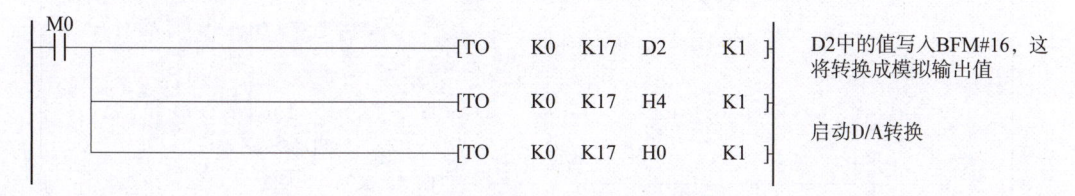

```
M0
├──┤├────────────────[TO   K0   K17   D2   K1]   D2中的值写入BFM#16，这
   │                                              将转换成模拟输出值
   ├─────────────────[TO   K0   K17   H4   K1]
   │                                              启动D/A转换
   └─────────────────[TO   K0   K17   H0   K1]
```

图 4-2-9 D/A 转换编程举例

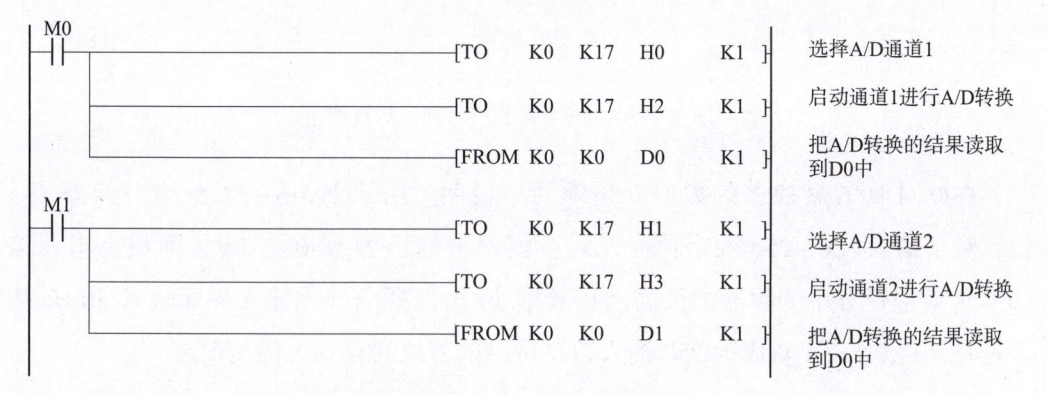

```
M0
├──┤├────────────────[TO   K0   K17   H0   K1]   选择A/D通道1
   │
   ├─────────────────[TO   K0   K17   H2   K1]   启动通道1进行A/D转换
   │
   └─────────────────[FROM K0   K0    D0   K1]   把A/D转换的结果读取
                                                  到D0中
M1
├──┤├────────────────[TO   K0   K17   H1   K1]   选择A/D通道2
   │
   ├─────────────────[TO   K0   K17   H3   K1]   启动通道2进行A/D转换
   │
   └─────────────────[FROM K0   K0    D1   K1]   把A/D转换的结果读取
                                                  到D0中
```

图 4-2-10 A/D 转换编程举例

【任务实施】

1. 变频器参数设置

根据任务说明可知，为了实现变频器输出频率连续调整的目的，材料分拣单元 PLC 连接了特殊功能模拟量模块 FX0N-3A。启动和停止由外部端子来控制。因此在任务 3.3 的基础上，同时变频器的参数在任务 4.1 基础上要做相应调整，要调整的参数设置见表 4-2-9。

表 4-2-9 变频器参数设置

参数号	参数名称	默认值	设置值	设置值含义
Pr. 73	模拟量输入选择	1	0	0～10 V
Pr. 79	运行模式选择	0	2	外部运行模式固定

2. 编程

针对工作任务对变频器控制编写的程序如图 4-2-11 所示。

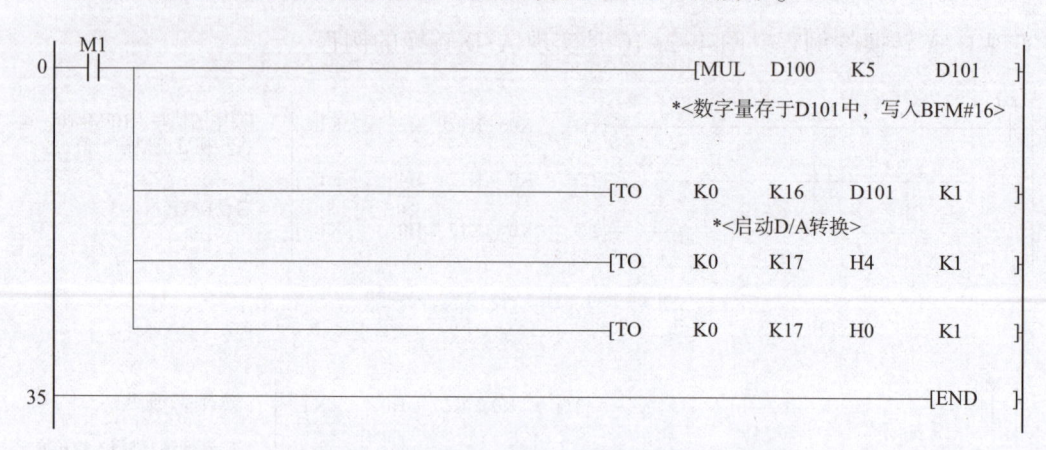

```
         M1
  0  ───┤ ├──────────────────────────[MUL   D100   K5    D101 ]
                                      *<数字量存于D101中，写入BFM#16>

                                     [TO    K0    K16   D101   K1 ]
                                      *<启动D/A转换>

                                     [TO    K0    K17   H4     K1 ]

                                     [TO    K0    K17   H0     K1 ]

 35                                                          [END]
```

图 4-2-11　模拟量输出处理后的程序

在此对 D/A 转换前的数值处理做简单说明。由于 FX0N-3A 最大分辨率为 8 位，对于输入为 0~250 数字值时，对应模拟量输出为 DC0~10 V，而最高电压值 10 V 又对应任务中变频器的最高运行频率 50 Hz。即当外界输入界面输入 50 Hz 数字量时，FX0N-3A 对应为 250 输入数字量，两者之间存在 5 倍关系。

3. 调试运行

（1）连接 PLC 的 I/O，电磁阀、传感器、变频器等实物可参考相关自动生产线实训装备。

（2）参照图 4-2-11 所示程序编写完整程序，将之下载到 PLC 并运行、监视，观察变频器运行情况。

（3）在程序中修改 D101 的值，观察变频器运行情况。

4. 检查与评估

（1）检查 I/O 接线是否正确、规范，I/O 设备是否正常使用。

（2）检查梯形图和指令表的编辑是否正确。

（3）检查现象是否正确。

【自主练习】

某电热水炉温度控制系统，要求当水位低于水位限位开关时，打开进水电磁阀进水；当水位高于高水位限位开关时，关闭进水电磁阀。加热时，当水温低于

80 ℃时，打开电源控制开关开始加热；当水温高于 95 ℃时，停止加热并保温。

（1）根据题意列出 I/O 分配表，画出接线图。

（2）编写程序实现模拟量控制。

任务 4.3　触摸屏与组态软件使用

【工作任务】

要求对任务 3.3 的材料分拣控制系统进行改进，具体的分拣要求均与原工作任务相同，启停操作和工作状态指示功能保留，但暂时不通过按钮指示灯操作指示，而是在触摸屏上实现。触摸屏组态窗口如图 4-3-1 所示。

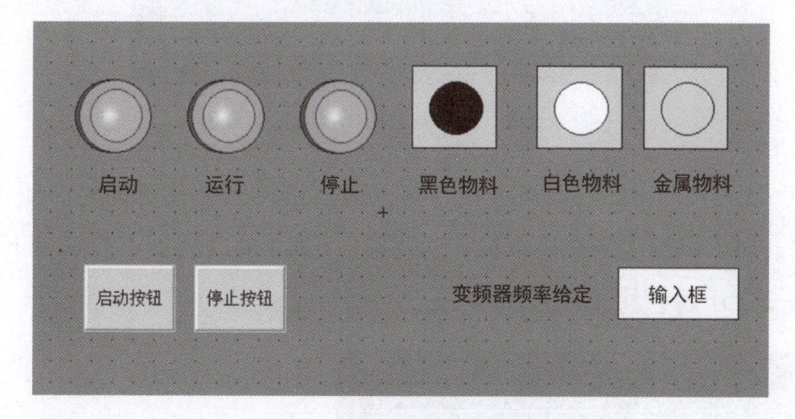

图 4-3-1　触摸屏组态窗口

当传送带入料口人工放下已装配的工件时，变频器即启动，驱动传动电动机以触摸屏给定的速度把工件带往分拣区。频率在 30~50 Hz 可调节。增加工件清零功能，数据在触摸屏上可以清零。

【相关知识】

4.3.1　TPC7062KS 人机界面简介

触控屏是一个可接收触头等输入信号的感应式液晶显示装置，当接触了屏幕上的图形按钮时，屏幕上的触觉反馈系统可根据预先设置的程序驱动各种连接装置，可用以取代机械式的按钮面板，并借由液晶显示画面制造出生动的影音效果。作为目前最简单、方便、自然的一种人机交互方式，触摸屏越来越多地与 PLC 控制技术相结合，应用在工业生产上。

为了通过触摸屏设备操作机器或系统，必须给触摸屏设备组态用户界面，该过程称为"组态阶段"。本任务主要介绍昆仑通态研发的人机界面 TPC7062KS（见图 4-3-2）对应的 MCGS 嵌入式组态软件的组态方法。

图 4-3-2　TPC7062KS 人机界面外观

TPC7062KS 人机界面的电源进线、各种通信接口均在其背面，如图 4-3-3 所示。其中，USB1 接口用来连接鼠标和闪存等，USB2 接口用于工程项目下载，COM 接口（RS-232 串口）用来连接 PLC。

（a）　　　　　　　　　　　　　　　　（b）

图 4-3-3　TPC7062KS 的接口和数据线

（a）背面接线；（b）下载线和通信线

4.3.2　MCGS 嵌入版组态软件的体系结构

MCGS 嵌入式体系结构（见图 4-3-4）分为组态环境、模拟运行环境和运行环境三部分。

PC系统　　　　　嵌入式系统

图 4-3-4　MCGS 嵌入式体系结构

组态环境和模拟运行环境相当于一套完整的工具软件，可在计算机上运行。用户可根据实际需要删减其中内容。它帮助用户设计和构造自己的组态工程并进行功能测试。

运行环境则是一个独立的运行系统，它按照组态工程中用户指定的方式进行各种处理，完成用户组态设计的目标和功能。运行环境本身没有任何意义，必须与组态工程一起作为一个整体，才能构成用户应用系统。一旦组态工作完成，并且将组态好的工程通过串口或以太网下载到下位机的运行环境中，组态工程就可以离开组态环境而独立运行在下位机上，从而实现了控制系统的可靠性、实时性、确定性和安全性。

由 MCGS 嵌入版生成的用户应用系统，其结构由主控窗口、设备窗口、用户窗口、实时数据库和运行策略 5 个部分构成，如图 4-3-5 所示。

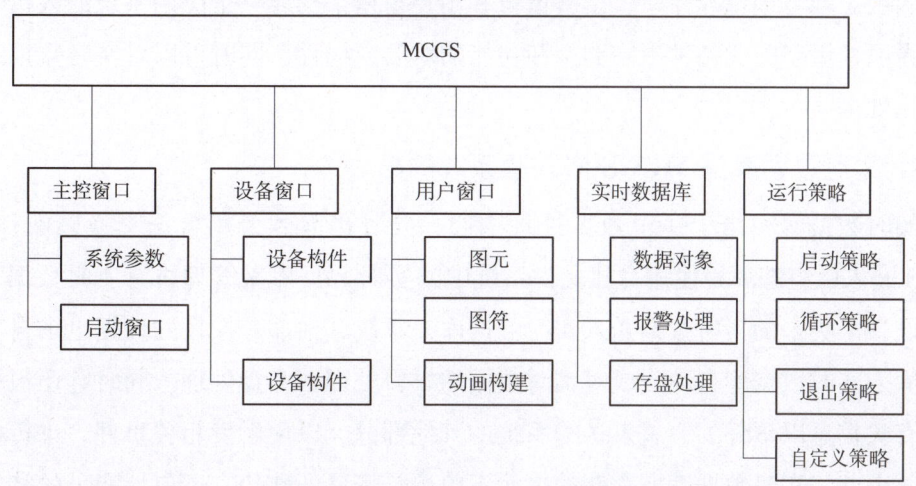

图 4-3-5　MCGS 用户应用系统结构

运行 MCGS 嵌入版组态环境软件,在出现的界面中选择"文件"→"新建工程"命令,弹出如图 4-3-6 所示界面。

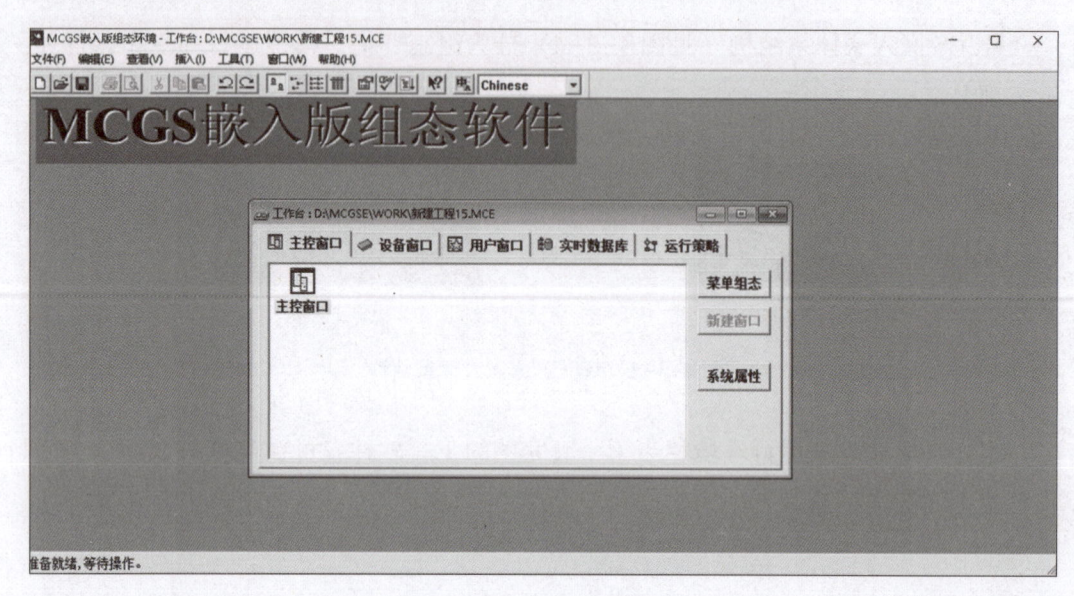

图 4-3-6 MCGS 工作台

窗口是屏幕中的一块空间,是一个"容器",直接提供给用户使用。在窗口内,用户可以放置不同的构件,创建图形对象并调整画面的布局,组态配置不同的参数以完成不同的功能。

在 MCGS 嵌入版中,每个应用系统只能有一个主控窗口和一个设备窗口,但可以有多个用户窗口和多个运行策略,实时数据库中也可以有多个数据对象。MCGS 嵌入版组态环境用主控窗口、设备窗口和用户窗口来构成一个应用系统的人机交互图形界面,组态配置各种不同类型和功能的对象或构件,同时可以对实时数据进行可视化处理。

1. 实时数据库是 MCGS 嵌入版系统的核心

实时数据库相当于一个数据处理中心,同时也起到公用数据交换区的作用。MCGS 嵌入版组态环境使用自建文件系统中的实时数据库来管理所有实时数据。从外部设备采集来的实时数据送入实时数据库,系统其他部分操作的数据也来自实时数据库。实时数据库自动完成对实时数据的报警处理和存盘处理,同时它还根据需要把有关信息以事件的方式发送给系统的其他部分,以便触发相关事件,进行实时处理。因此,实时数据库所存储的单元不单单是变量的数值,还包括变量的特征参数(属性)及对该变量的操作方法(报警属性、报警处理和存盘处理等)。这种将数值、属性、方法封装在一起的数据称为数据对象。实时数据库采用面向对象的技术，为其他部分提供服务，提供了系统各个功能部件的数据共享。

2. 主控窗口构造了应用系统的主框架

主控窗口确定了工业控制中工程作业的总体轮廓，以及运行流程、特性参数和启动特性等项内容，是应用系统的主框架。

3. 设备窗口是 MCGS 嵌入版系统与外部设备联系的媒介

设备窗口专门用来放置不同类型和功能的设备构件，实现对外部设备的操作和控制。设备窗口通过设备构件把外部设备的数据采集进来，送入实时数据库，或把实时数据库中的数据输出到外部设备。一个应用系统只有一个设备窗口。运行时，系统自动打开设备窗口，管理和调度所有设备构件正常工作，并在后台独立运行。注意，对于用户来说，设备窗口在运行时是不可见的。

4. 用户窗口实现了数据和流程的可视化

用户窗口中可以放置三种不同类型的图形对象：图元、图符和动画构件。图元和图符对象为用户提供了一套完善的设计制作图形画面和定义动画的方法。动画构件对应于不同的动画功能，它们是从工程实践经验中总结出的常用的动画显示与操作模块，用户可以直接使用。通过在用户窗口内放置不同的图形对象，搭制多个用户窗口，用户可以构造各种复杂的图形界面，用不同的方式实现数据和流程的可视化。

组态工程中的用户窗口最多可定义 512 个。所有的用户窗口均位于主控窗口内，其打开时窗口可见，关闭时窗口不可见。

5. 运行策略是对系统运行流程实现有效控制的手段

运行策略本身是系统提供的一个框架，其中放置由策略条件构件和策略构件组成的"策略行"。通过对运行策略的定义，系统能够按照设定的顺序和条件操作实时数据库，控制用户窗口的打开、关闭并确定设备构件的工作状态等，从而实现对外部设备工作过程的精确控制。

综上所述，一个应用系统由主控窗口、设备窗口、用户窗口、实时数据库和运行策略 5 个部分组成。组态工作开始时，系统只为用户搭建了一个能够独立运行的空框架，提供了丰富的动画部件与功能部件。如果要完成一个实际的应用系统，需要完成以下工作。

首先，要像搭积木一样，在组态环境中用系统提供的或用户扩展的构件构造应用系统，配置各种参数，形成一个有丰富功能、可实际应用的工程。

然后，把组态环境中的组态结果提交给运行环境。运行环境和组态结果一起就构成了用户自己的应用系统。

对于 MCGS 的组态步骤，见后续任务实施，此处不再赘述。

【任务实施】

1. 组态分析及总体步骤

1）组态前画面分析

根据工作任务对图 4-3-1 所示触摸屏画面进行分析，总结出画面中包含的构件与内容如下：

（1）状态指示灯：用于显示运行、停止操作以及各种工件入库动作对应的状态。

（2）标准按钮：启动、停止、清零累计按钮。

（3）数据输入：变频器频率设置。

由于触摸屏作为人机界面，取代了部分按钮和指示灯，是 PLC 进行输入/输出的中间介质，因此需要预先定义组态构件对应 PLC 中的变量名称与对应地址和数据类型（编号是随意的，只要不与 PLC 程序中其他地址冲突即可），见表 4-3-1。

表 4-3-1 触摸屏组态画面各构件在 PLC 中对应地址与数据类型

构件类别	名称	输入地址	输出地址	数据类型	备注
位状态开关	启动按钮	M100		开关型	
	停止按钮	M101		开关型	
	工件清零按钮	M102		开关型	
位状态指示灯	运行指示灯		M10	开关型	
	停止指示灯		M11	开关型	
	黑色物料累计		M103	开关型	
	白色物料累计		M104	开关型	
	金属物料累计		M105	开关型	
数值输入元件	变频器频率给定	D0	D0	数值型	最小值30，最大值50

2）组态总体步骤

（1）创建工程。

（2）定义数据对象：在实时数据库窗口中增加数据对象，并定义数据类型。

（3）设备连接：为了能够使触摸屏和 PLC 进行通信，需要将定义好的数据对象和 PLC 内部变量进行连接。

（4）画面和元件的制作：根据工作任务选择性放置三种不同类型的图形对象——图元、图符和动画构件，并进行相关属性设置。

（5）工程下载：将 MCGS 组态软件设计好的窗口界面资料下载到触摸屏。

（6）与 PLC 连接：使用触摸屏对 PLC 的运行控制进行输入/输出操作。

2. 触摸屏组态设计

下面按组态总体步骤进行触摸屏设计。

1）创建工程

运行 MCGS 嵌入版组态环境，在菜单栏中选择"文件"→"新建工程"命令，在弹出的"新建工程"对话框中选择"TPC7062KS"，设置工程名称为"材料分拣组态窗口"。

2）实时数据库窗口——定义数据对象

组态过程中用到的数据对象及其类型见表 4-3-1。现以数据对象"启动按钮"为例，介绍定义数据对象的步骤。

（1）在工作台中单击"实时数据库"标签，进入"实时数据库"窗口页，如图 4-3-7 所示。单击"新增对象"按钮，在窗口的数据对象列表中增加新的数据对象，多次单击该按钮则可增加多个数据对象。

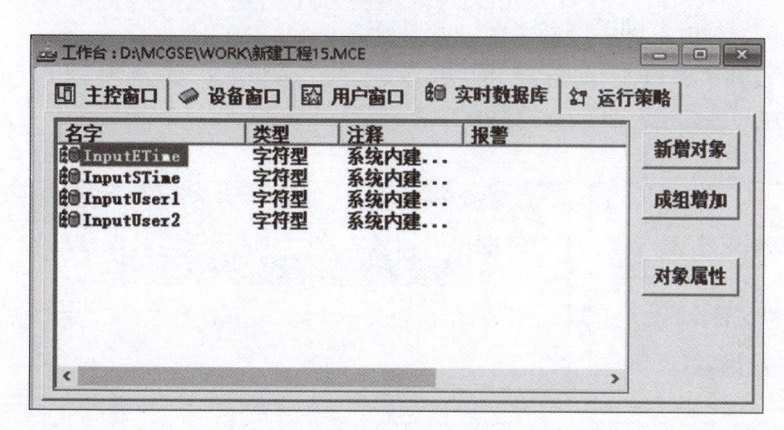

图 4-3-7　实时数据库窗口

（2）单击"对象属性"按钮，或双击选中对象，弹出"数据对象属性设置"对话框，输入对象名称，设置对象类型，然后单击"确认"按钮，如图 4-3-8 所示。

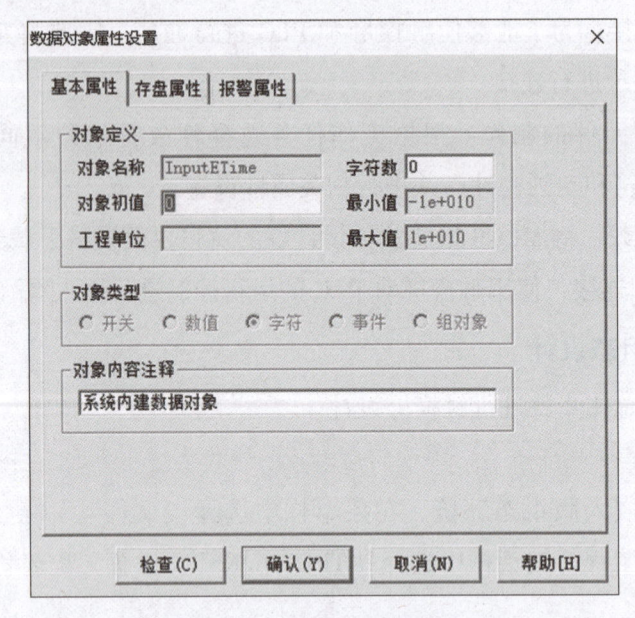

图 4-3-8 数据对象属性设置

按照此步骤，根据表 4-3-1，设置其他数据对象。

3）设备窗口——设备连接

在触摸屏组态中，进入设备窗口进行相应的参数设置十分重要。具体操作步骤如下：

(1) 双击"设备窗口"图标进入设备窗口。单击工具条中的"工具箱"图标，打开"设备工具箱"，如图 4-3-9 (a) 所示。

双击"通用串口父设备"，然后双击"三菱_FX 系列编程口"，弹出如图 4-3-9 (b) 所示界面。

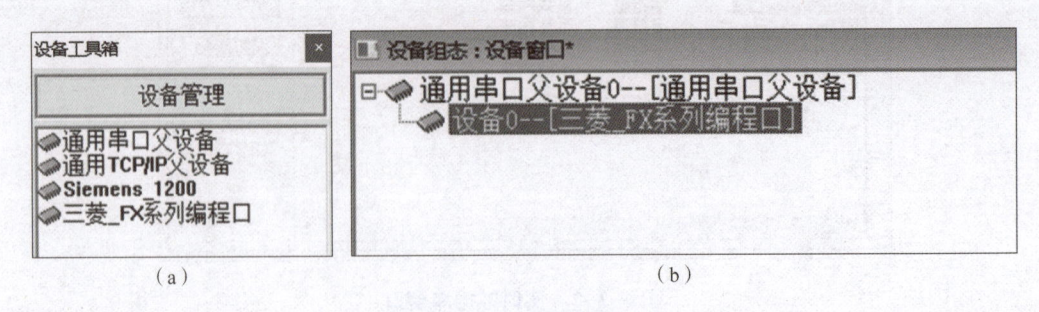

(a)   (b)

图 4-3-9 设备连接窗口

(a) 设备管理工具箱；(b) 三菱 FX 系列编程口

(2) 双击"通用串口父设备"，进入"通用串口设备属性编辑"对话框，具体设置如图 4-3-10 所示，其中串口端口号要根据实际占用计算机串口地址选择。

图 4-3-10 通用串口父设备属性设置

（3）双击"三菱 FX 系列编程口"，进入"设备编辑窗口"对话框，如图 4-3-11 所示。CPU 类型选择"2-FX3UCPU"。单击"删除全部通道"按钮将默认通道删除。

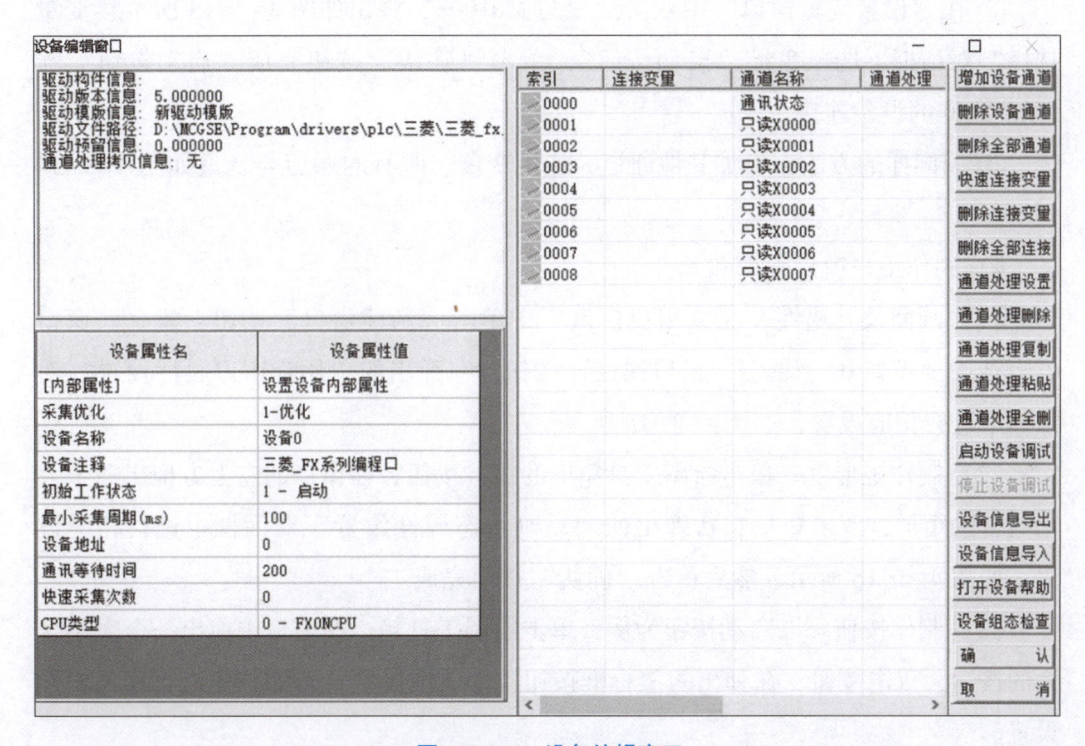

图 4-3-11 设备编辑窗口

(4）变量连接，以"启动按钮"变量为例说明连接设置。

① 单击"增加设备通道"按钮，在弹出的"添加设备通道"对话框中进行参数设置，如图4-3-12所示。单击"确认"按钮，完成基本属性设置。

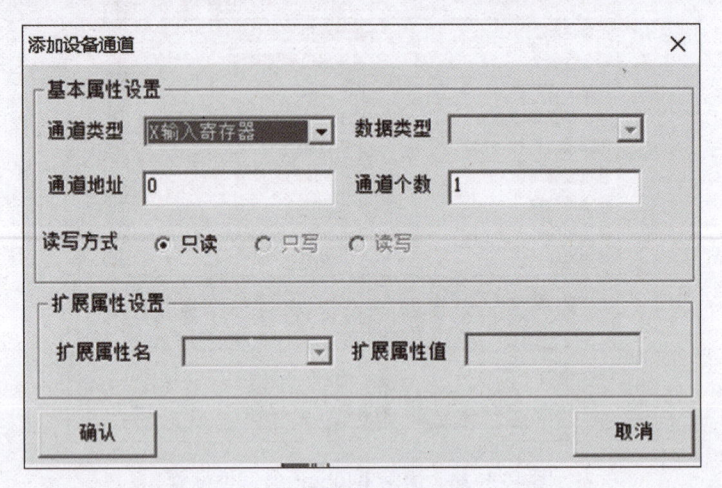

图4-3-12　设备通道基本属性设置

参数设置说明：预先定义"启动按钮"在PLC中的地址为M100，开关型变量，且按钮读写方式为"只读"，见表4-3-1。

② 在"设备编辑窗口"中双击"只写M0100"，弹出如图4-3-13所示"变量选择"对话框，选择变量"启动按钮"，单击"确认"按钮完成"启动按钮"与M100之间的设备连接。

③ 用同样的方法，增加其他通道，连接变量。所有的通道与变量如图4-3-14所示。

4）制作用户窗口画面和元件

（1）画面及其属性。在"用户窗口"中单击"新建窗口"按钮，建立"窗口0"。选中"窗口0"，单击"窗口属性"按钮，在弹出的"用户窗口属性设置"对话框中进行相应设置，如图4-3-15所示。

（2）制作矩形框。单击绘图工具箱中的窗口按钮，在窗口的左上方拖出一个大小适合的矩形，双击矩形，在弹出的"动画组态属性设置"对话框中进行相应设置，如图4-3-16所示，然后单击"确认"按钮完成。

（3）制作按钮。以启动按钮为例，单击绘图工具箱，在窗口中拖出一个大小合适的按钮，双击按钮，在弹出的"标准按钮构件属性设置"对话框中进行相关属性设置。

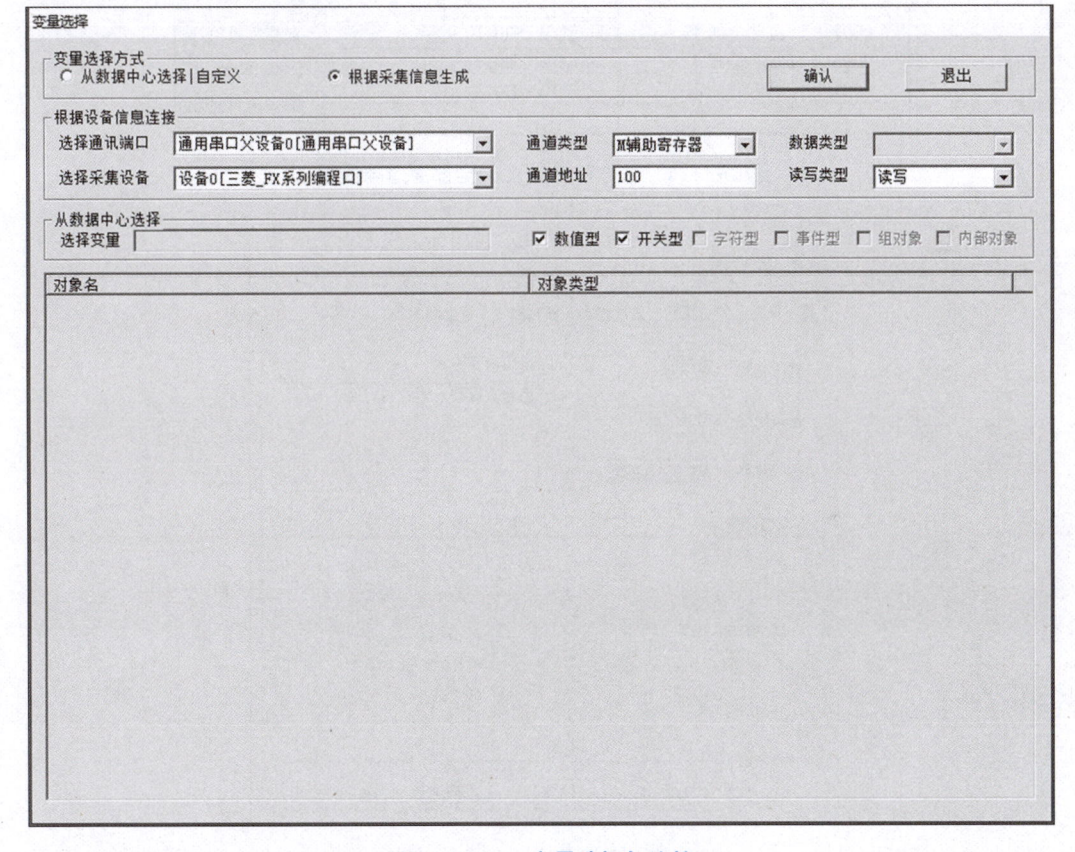

图 4-3-13　变量选择与连接

①"基本属性"选项卡中：设置抬起和按下状态、文本颜色、背景色、边线色等参数，如图 4-3-17 所示。

②在"操作属性"选项卡中：设置按下功能为数据对象值操作置"1"，连接启动按钮；设置抬起功能为数据对象操作清零，连接启动按钮，如图 4-3-18 所示。

③其他选项根据需要设置，完成后单击"确认"按钮。

索引	连接变量	通道名称	通道处理	增加设备通道
0000		通信状态		
0001	运行状态	只读M0010		删除设备通道
0002	停止指示灯	只读M0011		
0003	启动按钮	只写M0100		删除全部通道
0004	停止按钮	只写M0101		
0005	工件清零按钮	只写M0102		快速连接变量
0006	变频器频率给定	读写DWUB0000		
0007	白芯金属工	只读DWUB0110		删除连接变量
0008	白芯塑料工	只读DWUB0111		
0009	黑色芯体工	只读DWUB0112		删除全部连接

图 4-3-14 工作任务涉及的全部通道与变量

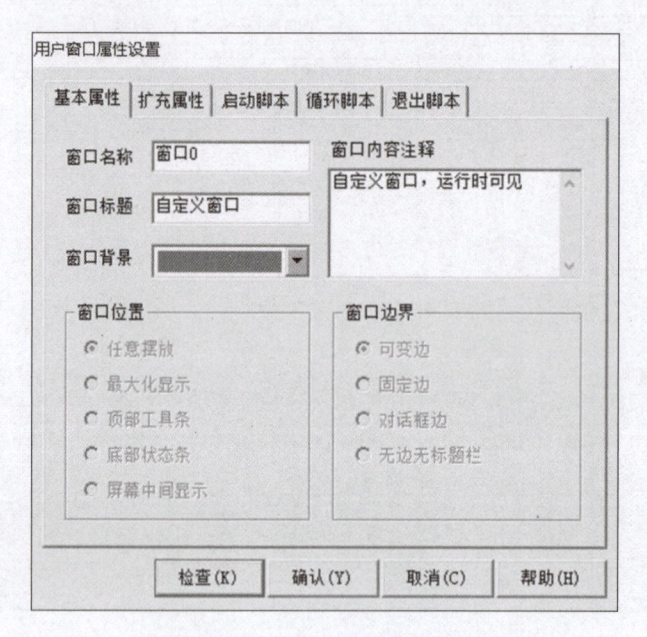

图 4-3-15 用户窗口属性设置

5）制作状态指示灯

① 以"运行指示灯"为例，单击绘图工具箱中的"插入元件"按键，弹出"对象元件库管理"对话框，如图 4-3-19 所示，选择指示灯 3，按"确定"按钮。

② 设置指示灯大小后，双击指示灯，在弹出的如图 4-3-20 所示"单元属性设置"对话框中做如下设置：

a. 在"数据对象"选项卡中，单击右角的"?"按钮，从数据中心选择"运行

图 4-3-16 矩形框属性设置窗口

图 4-3-17 按钮基本属性设置窗口

"状态"变量。

b. 在"动画连接"选项卡中,单击"可见度",右边出现>按钮,单击进入,在弹出的"动画组态属性设置"对话框中选择"属性设置"选项卡,勾选"填充颜色"复选框,同时在该对话框中增加"填充颜色"选项卡,如图 4-3-21 所示。

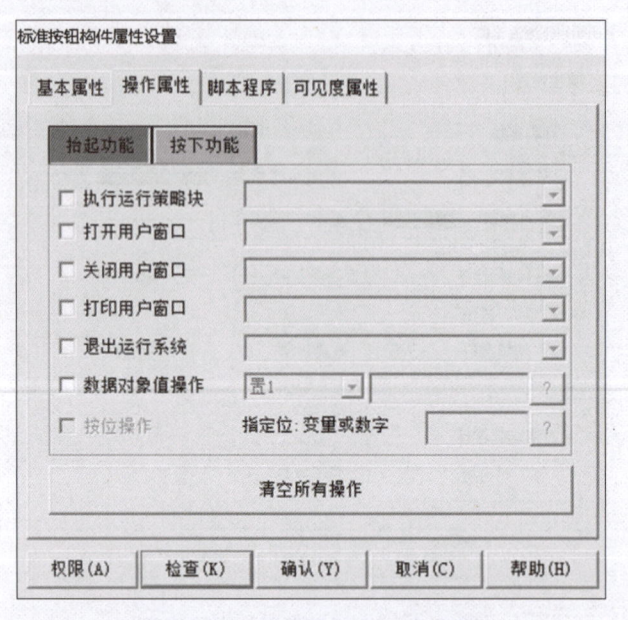

图 4-3-18　按钮操作属性设置窗口

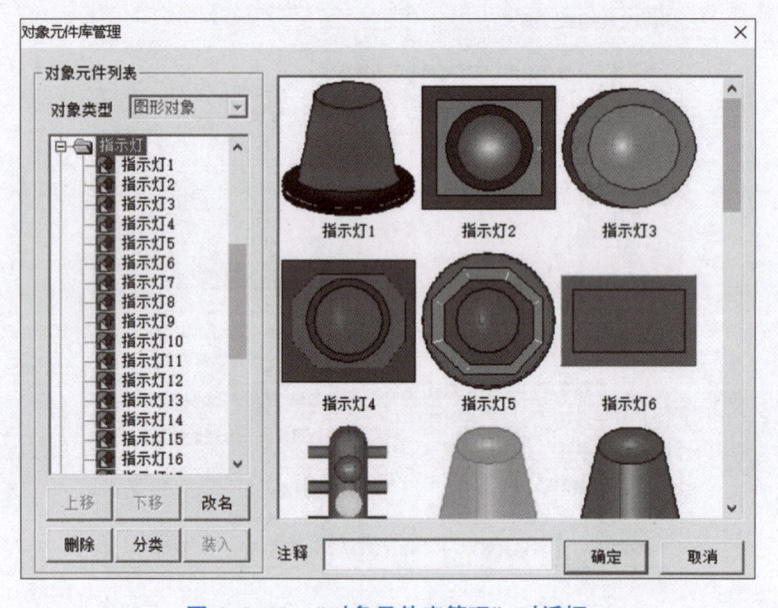

图 4-3-19　"对象元件库管理"对话框

c. 在"填充颜色"选项卡中，将表达式与"运行状态"变量相连接。在"填充颜色连接"选项组中，分段点 0 对应颜色为白色；分段点 1 对应颜色为绿色，如图 4-3-22 所示，单击"确认"按钮完成。

6）制作标签

选中"工具箱"中的"标签"按钮，拖动鼠标，绘制一个标签框。双击标签

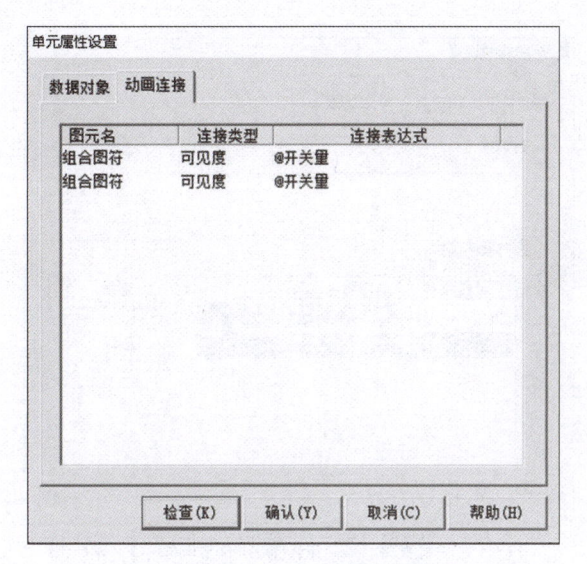

图 4-3-20　指示灯数据对象连接

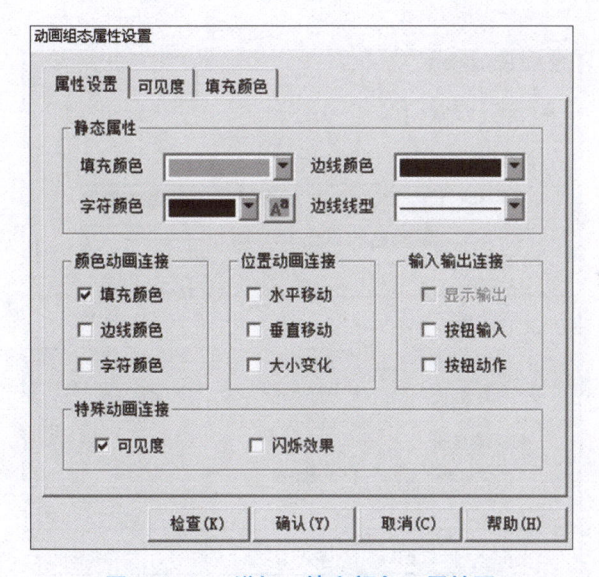

图 4-3-21　增加"填充颜色"属性页

框,在弹出的"标签动画组态属性设置"对话框中设置相应属性,如图 4-3-23 所示。然后选择"扩展属性"选项卡,输入文本内容,如图 4-3-24 所示,单击"确认"按钮完成设置。

7)制作数值输入框

单击绘图工具箱中的"输入框"按钮,拖动鼠标,绘制一个输入框。双击输入框,弹出"输入框构件属性设置"对话框,设置相应信息,如图 4-3-25 所示,单击"确认"按钮完成设置。

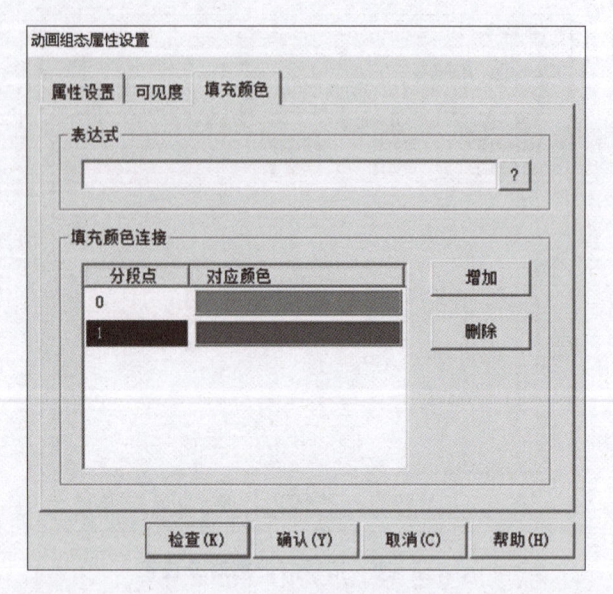

图 4-3-22　填充颜色属性设置

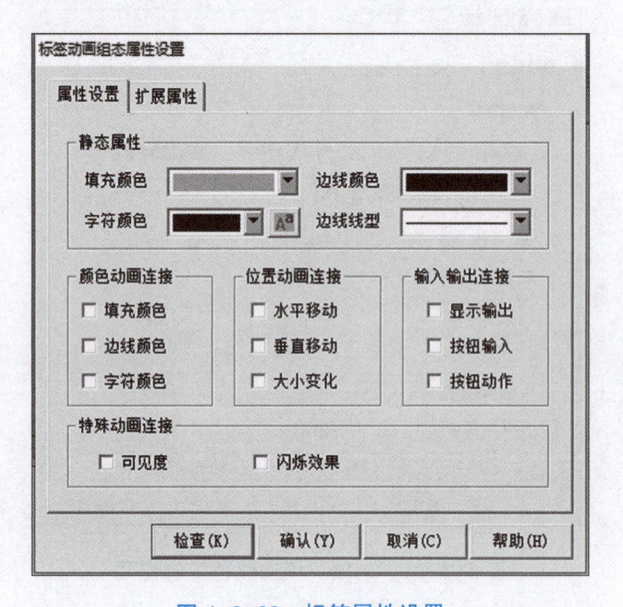

图 4-3-23　标签属性设置

8）工程下载

用触摸屏下载线将触摸屏 USB2 接口与计算机相连接，然后在下载配置里，选择"连接运行"，单击"工程下载"按钮即可进行下载。如果工程项目要在计算机中进行模拟测试，则选择"模拟运行"，然后下载工程。

9）与 PLC 连接

使用 RS-232/RS-422 转换器将触摸屏 COM 接口直接与具体 PLC 的编程接口连

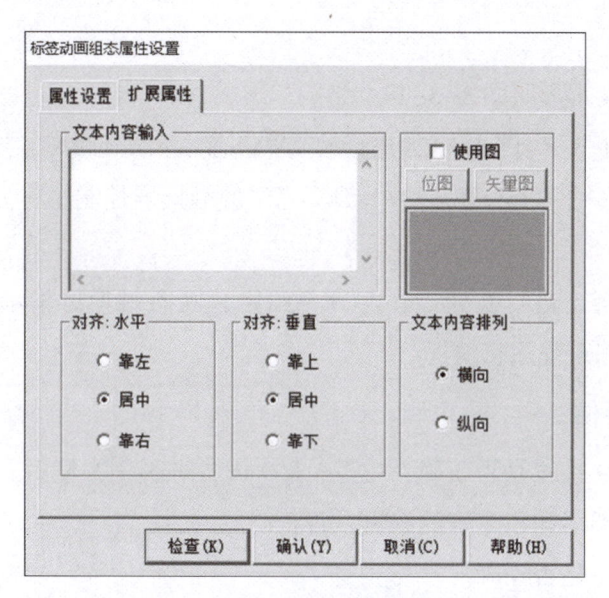

图 4-3-24　标签扩展属性窗口

图 4-3-25　数值输入操作属性窗口

接。连接完成后，就可用操作触摸屏对 PLC 的运行控制进行输入/输出操作了。

3. PLC 程序设计

触摸屏控制的材料分拣控制系统，I/O 接线图与变频器参数设置与本项目中任务 4.2 模拟量输出控制基本相同，注意要将表 4-3-1 中触摸屏组态画面各构件在 PLC 中对应地址修改到程序对应位置，详见图 4-3-11，此处不再赘述。

4. 调试运行

（1）I/O 接线图参照图 3-3-14。

（2）参照图 4-3-7~图 4-3-25 进行触摸屏组态并下载到触摸屏，与 PLC 相连接。

（3）参照图 4-3-11 与表 4-3-1 编写完整的触摸屏控制材料分拣系统程序，下载到 PLC。

（4）在触摸屏上进行按钮操作与频率给定，观察触摸屏指示灯与数值显示功能，以及材料分拣系统运行情况。

5. 检查与评估

（1）检查 I/O 接线是否正确、规范，I/O 设备是否正常使用。

（2）检查梯形图和指令表的编辑是否正确。

（3）检查现象是否正确。

【自主练习】

组态一个运料小车测试窗口，编写相应 PLC 程序，下载调试运行。如图 4-3-26 所示，界面上应能显示当前运料小车沿直线导轨运动的方向和速度数值。

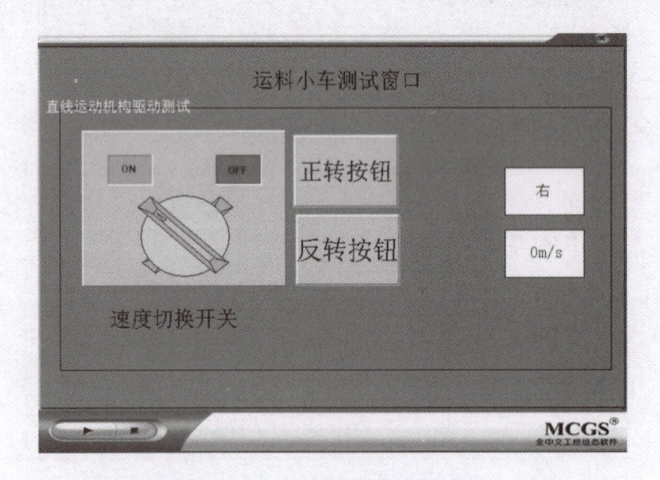

图 4-3-26　运料小车测试窗口

（1）速度切换开关用于切换两挡速度选择，第 1 挡速度要求为 50 mm/s，第 2 挡速度要求为 200 mm/s。

（2）正转按钮实现正向点动运转功能，反转按钮实现反向点动运转功能。

参 考 文 献

[1] 张冠生. 电器理论基础 [M]. 2版. 北京：机械工业出版社，1989.
[2] 黄永红，张新华. 低压电器 [M]. 北京：化学工业出版社，2007.
[3] 王仁祥. 常用低压电器原理及其控制技术 [M]. 北京：机械工业出版社，2008.
[4] 郭艳萍. 电气控制与PLC应用 [M]. 北京：人民邮电出版社，2010.